高等职业教育电子信息类"十三五"规划教材

模拟电子技术及应用

汪 涛 主编
王 爽 李德明 副主编

国防工业出版社
·北京·

内 容 简 介

全书共分两篇,第一篇为模拟电子技术理论知识,具体分为9章:第1章为半导体二极管及其基本应用电路分析;第2章为晶体三极管及其基本放大电路;第3章为场效应管及其基本放大电路;第4章为多级放大电路;第5章为负反馈放大电路;第6章为集成运算放大器及其应用;第7章为信号发生电路;第8章为低频功率放大电路;第9章为直流稳压电源。第二篇为模拟电子技术应用项目,共安排了10个项目。

本书可作为高职、高专与成人教育电子类、电气类、通信类、机电类及自动控制类等专业的教材,也可作为中职、社会培训、考证机构、工程技术人员和相关专业自学考试的教材或参考用书。

图书在版编目(CIP)数据

模拟电子技术及应用/汪涛主编.—北京:国防工业出版社,2015.3(2023.3重印)
高等职业教育电子信息类"十三五"规划教材
ISBN 978-7-118-09984-3

Ⅰ.①模… Ⅱ.①汪… Ⅲ.①模拟电路-电子技术-高等职业教育—教材 Ⅳ.①TN710

中国版本图书馆 CIP 数据核字(2015)第 038644 号

※

国防工业出版社 出版发行
(北京市海淀区紫竹院南路23号 邮政编码100048)
北京虎彩文化传播有限公司印刷
新华书店经售

*

开本 787×1092 1/16 印张 17 字数 402 千字
2023 年 3 月第 1 版第 2 次印刷 印数 4001—5000 册 定价 39.80 元

(本书如有印装错误,我社负责调换)

国防书店:(010)88540777 　　发行邮购:(010)88540776
发行传真:(010)88540755 　　发行业务:(010)88540717

前　言

本书遵照教育部提出的以就业为导向、高职高专教育从专业本位向职业岗位和就业为本转变的指导思想。在编写的过程中,本书力求按照由浅入深、由易到难、由简到繁、循序渐进的顺序,在保证必要的基本理论、基本知识、基本分析方法和技能的基础上,将知识的深度与广度结合。因此,本书注重内容的精选,突出重点;讲解上尽量减少理论的推导,力求通俗易懂、着重知识的应用。全书包含两篇内容,第一篇为理论知识部分,共有9章,每章开始部分都编有本章的学习目标,结尾有本章小结,加上典型例题和习题,书中最后有习题参考答案和附录,这些能帮助学习者加深对知识的理解与学习。第二篇共安排了10个项目,基本与理论知识相对应,以便于开展"边教、边学、边做",有利于提高学生实践操作技能和分析问题、解决问题的能力。

本书由湖北省咸宁职业技术学院汪涛教授主编,负责全书的规划、组织、统稿和审稿,安徽省合肥通用职业技术学院王爽和湖北省长江职业技术学院李德明副主编。全书具体编写工作分配如下:汪涛编写第一篇中第1章~第3章,第6章第2节~第4节,第9章,第二篇中项目1~项目3、项目9,第一篇习题参考答案和附录;王爽编写第一篇中第7章、第8章;第6章第1节,第二篇中项目4~项目6、项目10;李德明编写第一篇中第4章、第5章,第二篇中项目7、项目8。

由于编者水平有限,书中恐有一些疏漏和欠妥之处,敬请广大读者批评指正。

编　者
2015年3月

目 录

第一篇 模拟电子技术理论知识

第1章 半导体二极管及其基本应用电路分析 ········· 3

1.1 半导体基础知识 ········· 3
    1.1.1 本征半导体 ········· 3
    1.1.2 杂质半导体 ········· 4
    1.1.3 PN结及其特性 ········· 5

1.2 半导体二极管 ········· 7
    1.2.1 二极管的结构与符号 ········· 7
    1.2.2 二极管的特性 ········· 7
    1.2.3 二极管的主要参数 ········· 10
    1.2.4 二极管的识别与检测 ········· 11

1.3 半导体二极管的电路模型分析 ········· 13

1.4 半导体二极管的基本应用 ········· 15
    1.4.1 二极管限幅电路 ········· 15
    1.4.2 二极管门电路 ········· 17

1.5 特殊二极管 ········· 17
    1.5.1 稳压二极管 ········· 17
    1.5.2 发光二极管 ········· 19
    1.5.3 光电二极管 ········· 20
    1.5.4 光电耦合器件 ········· 21
    1.5.5 变容二极管 ········· 21

本章小结 ········· 22
思考与练习题 ········· 22

第2章 晶体三极管及其基本放大电路 ········· 25

2.1 晶体三极管 ········· 25

        2.1.1　晶体三极管的结构和放大原理 ……………………………………… 26
        2.1.2　晶体三极管的特性曲线 …………………………………………… 29
        2.1.3　晶体三极管的主要参数 …………………………………………… 32
        2.1.4　晶体三极管的命名与引脚识别 …………………………………… 34
    2.2　共发射极基本放大电路 …………………………………………………………… 35
        2.2.1　共发射极基本放大电路的组成 …………………………………… 35
        2.2.2　共发射极基本放大电路的静态分析 ……………………………… 37
        2.2.3　共发射极基本放大电路的动态分析 ……………………………… 39
    2.3　静态工作点的稳定及其偏置电路 ………………………………………………… 49
        2.3.1　温度对静态工作点的影响 ………………………………………… 49
        2.3.2　分压式偏置共射极放大电路 ……………………………………… 50
    2.4　共集电极放大电路 ………………………………………………………………… 53
        2.4.1　静态分析 …………………………………………………………… 53
        2.4.2　动态分析 …………………………………………………………… 53
    2.5　共基极放大电路 …………………………………………………………………… 56
        2.5.1　静态分析 …………………………………………………………… 56
        2.5.2　动态分析 …………………………………………………………… 57
        2.5.3　三种基本放大电路的比较 ………………………………………… 58
    本章小结 …………………………………………………………………………………… 59
    思考与练习题 ……………………………………………………………………………… 59

第3章　场效应管及其基本放大电路 ………………………………………………………… 64
    3.1　结型场效应管 ……………………………………………………………………… 64
        3.1.1　结型场效应管的结构 ……………………………………………… 64
        3.1.2　结型场效应管的工作原理和特性曲线 …………………………… 65
    3.2　绝缘栅型场效应管 ………………………………………………………………… 69
        3.2.1　N沟道增强型MOS场效应管 ……………………………………… 69
        3.2.2　N沟道耗尽型MOS场效应管 ……………………………………… 72
        3.2.3　P沟道MOS场效应管 ……………………………………………… 72
    3.3　场效应管的主要参数及使用注意事项 …………………………………………… 74
        3.3.1　场效应管的主要参数 ……………………………………………… 74
        3.3.2　使用场效应管的注意事项 ………………………………………… 75
    3.4　场效应管与三极管的比较 ………………………………………………………… 76
    3.5　场效应管放大电路 ………………………………………………………………… 77

  3.5.1 共源极基本放大电路 …… 77
  3.5.2 共漏极基本放大电路 …… 82
本章小结 …… 83
思考与练习题 …… 83

第 4 章　多级放大电路 …… 86

4.1 多级放大电路的组成与耦合方式 …… 86
  4.1.1 多级放大电路的组成 …… 86
  4.1.2 多级放大电路的耦合方式 …… 87
4.2 多级放大电路的分析 …… 89
  4.2.1 多级放大电路的静态工作点分析 …… 89
  4.2.2 多级放大电路的动态分析 …… 90
4.3 放大电路的频率特性 …… 93
  4.3.1 频率响应的概念 …… 93
  4.3.2 单级阻容耦合放大电路的频率特性 …… 94
  4.3.3 多级放大电路的频率特性 …… 96
本章小结 …… 98
思考与练习题 …… 98

第 5 章　负反馈放大电路 …… 100

5.1 反馈的基本概念 …… 100
  5.1.1 反馈的概念 …… 100
  5.1.2 反馈放大电路的基本关系式 …… 101
5.2 放大电路中反馈类型的判断 …… 102
  5.2.1 正、负反馈及其判定方法 …… 102
  5.2.2 直流反馈和交流反馈 …… 104
  5.2.3 电压反馈和电流反馈 …… 105
  5.2.4 串联反馈和并联反馈 …… 106
  5.2.5 交流负反馈放大电路的四种组态 …… 106
5.3 负反馈对放大电路性能的影响 …… 108
  5.3.1 减小环路内的非线性失真 …… 108
  5.3.2 提高增益的稳定性 …… 109
  5.3.3 扩展通频带 …… 110
  5.3.4 改变输入电阻和输出电阻 …… 110

　　　　5.3.5 放大电路引入负反馈的一般原则 ·················· 112
　5.4 深度负反馈放大电路的估算 ·················· 113
　　　　5.4.1 深度负反馈的特点 ·················· 113
　　　　5.4.2 深度负反馈放大电路的参数估算 ·················· 113
　本章小结 ·················· 117
　思考与练习题 ·················· 117

第 6 章　集成运算放大器及其应用 ·················· 121

　6.1 差分放大电路 ·················· 121
　　　　6.1.1 零点漂移 ·················· 121
　　　　6.1.2 基本差分放大电路 ·················· 122
　　　　6.1.3 长尾式差分放大电路 ·················· 122
　　　　6.1.4 具有调零电路的差分放大电路 ·················· 125
　　　　6.1.5 差分放大电路的四种接法 ·················· 125
　6.2 集成运算放大器 ·················· 129
　　　　6.2.1 集成运放的组成、符号及外形 ·················· 129
　　　　6.2.2 集成运放的种类 ·················· 130
　　　　6.2.3 集成运放的主要参数 ·················· 131
　　　　6.2.4 理想集成运放的性能指标 ·················· 132
　　　　6.2.5 集成运放的电压传输特性 ·················· 133
　6.3 集成运算放大器的线性应用 ·················· 134
　　　　6.3.1 比例运算电路 ·················· 134
　　　　6.3.2 加法运算电路 ·················· 136
　　　　6.3.3 减法运算电路 ·················· 137
　　　　6.3.4 积分与微分电路 ·················· 138
　6.4 有源滤波器 ·················· 140
　　　　6.4.1 基本概念 ·················· 140
　　　　6.4.2 低通滤波器 ·················· 141
　　　　6.4.3 高通滤波器 ·················· 142
　　　　6.4.4 带通滤波器和带阻滤波器 ·················· 143
　本章小结 ·················· 145
　思考与练习题 ·················· 146

第 7 章　信号发生电路 ·················· 150

　7.1 正弦波振荡电路 ·················· 150

7.1.1　正弦波振荡电路的基本概念 …………………………………… 150
　　　7.1.2　RC 正弦波振荡电路 …………………………………………… 152
　　　7.1.3　LC 正弦波振荡电路 …………………………………………… 155
　　　7.1.4　石英晶体振荡电路 ……………………………………………… 160
　7.2　非正弦信号发生电路 ………………………………………………… 162
　　　7.2.1　电压比较器 ……………………………………………………… 162
　　　7.2.2　方波发生电路 …………………………………………………… 164
　　　7.2.3　三角波发生电路 ………………………………………………… 165
本章小结 …………………………………………………………………… 167
思考与练习题 ……………………………………………………………… 168

第 8 章　低频功率放大电路 ……………………………………………… 171

　8.1　低频功率放大电路概述 ……………………………………………… 171
　　　8.1.1　功率放大电路的特点和要求 …………………………………… 171
　　　8.1.2　功率放大电路的分类 …………………………………………… 172
　　　8.1.3　改善功率放大电路输出的措施 ………………………………… 173
　8.2　乙类双电源互补对称功率放大电路(OCL) ………………………… 174
　　　8.2.1　电路组成及其工作原理 ………………………………………… 174
　　　8.2.2　参数分析计算 …………………………………………………… 175
　8.3　甲乙类互补对称功率放大电路 ……………………………………… 177
　　　8.3.1　实用的甲乙类双电源互补对称功率放大电路 ………………… 177
　　　8.3.2　甲乙类单电源互补对称功率放大电路(OTL) ………………… 180
　8.4　集成功率放大器 ……………………………………………………… 181
本章小结 …………………………………………………………………… 182
思考与练习题 ……………………………………………………………… 183

第 9 章　直流稳压电源 …………………………………………………… 187

　9.1　整流电路 ……………………………………………………………… 187
　　　9.1.1　单相半波整流电路 ……………………………………………… 187
　　　9.1.2　单相桥式整流电路 ……………………………………………… 189
　9.2　滤波电路 ……………………………………………………………… 191
　　　9.2.1　电容滤波电路 …………………………………………………… 191
　　　9.2.2　其他类型滤波电路 ……………………………………………… 192
　9.3　稳压电路 ……………………………………………………………… 194

	9.3.1 稳压二极管稳压电路	194
	9.3.2 串联型晶体管稳压电路	195
9.4	开关稳压电源	199
	9.4.1 开关稳压电源电路的特点和应用	199
	9.4.2 开关稳压电源的电路结构	199
9.5	集成稳压器	201
	9.5.1 三端集成稳压器型号和参数	201
	9.5.2 三端集成稳压器的应用	203
本章小结		205
思考与练习题		205

第二篇　模拟电子技术应用项目

项目 1　示波器的应用 ···································· 209

项目 2　晶体二极管和晶体三极管的识别与检测 ···································· 212

项目 3　晶体三极管共射极单管放大电路的测试 ···································· 217

项目 4　负反馈放大电路的测试 ···································· 221

项目 5　集成运算放大器的测试 ···································· 225

项目 6　RC 桥式正弦波振荡器的测试 ···································· 230

项目 7　OTL 功率放大电路的测试 ···································· 234

项目 8　串联型晶体管稳压电源的测试 ···································· 238

项目 9　触摸式报警器的设计与制作 ···································· 243

项目 10　助听器的设计与制作 ···································· 246

附录 1　部分电气图形符号 ···································· 249

附录2　常用电子元器件型号命名法 …………………………………………… 251

部分习题参考答案 ……………………………………………………………… 255

参考文献 ………………………………………………………………………… 261

第一篇

模拟电子技术理论知识

第1章 半导体二极管及其基本应用电路分析

【学习目标】
(1) 了解半导体的基础知识,理解 PN 结的单向导电性。
(2) 掌握二极管的电路符号、伏安特性以及二极管的识别与检测。
(3) 掌握二极管的电路模型和其他类型的二极管。
(4) 掌握二极管的基本应用。

1.1 半导体基础知识

1.1.1 本征半导体

自然界中的物质按导电能力强弱的不同,可分为导体、绝缘体和半导体三大类。其中导电性能很强的物质称为导体,如银、铜、铝、铁等。另一些导电性能极差的物质称为绝缘体,如橡胶、塑料等。半导体是导电能力介于导体和绝缘体之间的物质,常用的半导体材料有锗(Ge)、硅(Si)等。完全纯净的、不含杂质的半导体叫本征半导体。

在电子器件中,用得最多的半导体材料是硅和锗,它们都是四价元素,在原子结构中最外层轨道上都有四个价电子。为便于讨论,采用图 1-1 所示的原子结构简化模型。对于单晶体硅或锗,每个原子都和周围的四个原子以共价键的形式互相紧密地联系起来形成稳定的结构,如图 1-2 所示。

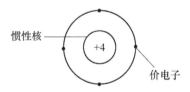

图 1-1 硅和锗原子结构简化模型

由于共价键的存在,使本征半导体中不像导体那样有大量自由移动的电荷,但当温度升高或受光照时,共价键中的价电子由于热运动而获得一定的能量,其中少数价电子能够摆脱共价键的束缚而成为自由电子,同时必然在共价键中留下空位,称为空穴,如图1-3所示。在本征半导体中,每产生一个自由电子,必然会有一个空穴出现,自由电子和空穴总是成对出现,称它们为电子空穴对,这种物理现象称为本征激发。

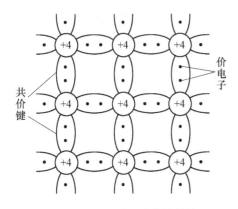

图1-2 硅和锗的共价键结构

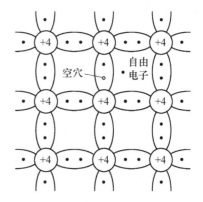

图1-3 本征激发产生的电子空穴对

由此可见,本征半导体有两种导电的粒子,一种是带负电荷的自由电子,另一种是相当于带正电荷的粒子——空穴。自由电子和空穴在外电场的作用下都会定向移动而形成电流,所以人们把它们统称为载流子,只不过两种载流子在外电场的作用下运动方向相反。由于常温下本征激发产生的自由电子和空穴的数目很少,所以本征半导体的导电性能很差。但当温度升高或光照增强时,本征半导体内的自由电子运动加剧,载流子数目增多,导电性能提高,这就是半导体的热敏特性和光敏特性。如果在本征半导体中通过一定的工艺掺入少量的特定杂质,其导电性能就会极大提高,这就是半导体的掺杂特性,也是半导体最重要的特性。

由于热运动,一方面本征半导体不断产生自由电子和空穴,另一方面自由电子在运动中又会与空穴重新结合,这是一种完全相反的过程,称为复合。在一定的温度下,自由电子和空穴既产生又复合,最终达到相对的动态平衡。从宏观上看两种载流子的浓度保持定值并且相等。但是这个定值与温度有关,当温度发生变化时,即在新的动态平衡状态下,它将保持新的定值。

1.1.2 杂质半导体

在本征半导体中掺入不同的微量元素就会得到导电性质不同的半导体材料。根据半导体掺杂特性的不同,可制成N型和P型杂质半导体。

1. N型半导体

如果在本征半导体硅或锗的晶体中掺入微量的五价元素(如磷),那么半导体内部的自由电子数量将增加成千上万倍,导电能力大幅提高,这类杂质半导体称为 N 型半导体,也称为电子型半导体。在 N 型半导体中,自由电子成为半导体导电的多数载流子(简称多子),空穴成为少数载流子(简称少子)。就整块半导体来说,它既没有失去电子也没有得到电子,所以也呈电中性。

2. P 型半导体

如果在本征半导体硅或锗的晶体中掺入微量的三价元素(如硼),那么半导体内部空穴的数量将增加成千上万倍,其导电能力也将大幅提高。这类杂质半导体称为 P 型半导体,也称为空穴型半导体。在 P 型半导体中,空穴成为半导体导电的多数载流子,自由电子为少数载流子。就整块半导体来说,它既没有失去电子也没有得到电子,所以呈电中性。

由上述分析可知,杂质半导体的导电性能主要由多数载流子浓度决定,而多数载流子主要由掺杂产生,所以多数载流子浓度取决于掺杂浓度,其值相对较大,它基本上不受温度影响。而少数载流子由本征激发产生,其数量与温度有关,温度越高,其值就越大,反之就越小。

1.1.3 PN 结及其特性

1. PN 结的形成

将 N 型半导体和 P 型半导体通过特殊的工艺结合在一起,则在这两种半导体的交界面形成一个极薄的特殊层,这个薄层就是 PN 结。由于 P 型半导体中空穴浓度高、电子浓度低,而 N 型半导体中电子浓度高、空穴浓度低,因此在交界面附近电子和空穴都要从浓度高的地方向浓度低的地方扩散。P 区的空穴要扩散到 N 区,并与 N 区的电子复合,在 P 区一侧就留下了不能移动的负离子空间电荷区。同样,N 区的电子要扩散到 P 区,并与 P 区的空穴复合,在 N 区一侧就留下了不能移动的正离子空间电荷区,如图 1-4 所示。这样在两种半导体的交界面就形成了一个不能移动的正负离子空间电荷区。

由图 1-4(b)可以看出空间电荷区形成了一个方向由 N 区指向 P 区的内电场,内电场的作用是阻碍多数载流子的继续扩散,但它有利于 N 区和 P 区中的少数载流子越过空间电荷区向对方区域运动,这种定向运动称为漂移运动。扩散运动和漂移运动是相互联系又相互矛盾的,当它们最终达到动态平衡时,空间电荷区的宽度便确定了,形成了平衡的 PN 结。空间电荷区中没有载流子,所以也叫耗尽层;同时它阻碍多数载流子的扩散,故也称为阻挡层,它的宽度一般为几微米。

2. PN 结的单向导电性

如图 1-5 所示将 P 区接电源的正极,N 区接电源的负极,PN 结处于正向偏置状态,简称正偏。此时外加电压在阻挡层内形成的电场与内电场方向相反,削弱了内电场,使阻挡层变窄。显然,多数载流子的扩散作用大于少数载流子的漂移

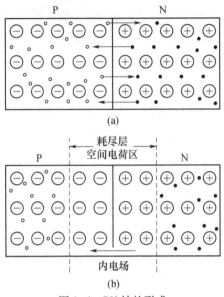

图 1-4 PN 结的形成

(a) 多数载流子的扩散运动；(b) 平衡时空间电荷区的形成。

作用，在电源的作用下，多数载流子向对方区域扩散形成正向电流 I_F，其方向由电源正极通过 P 区、N 区指向电源负极。在一定的范围内，外加正向电压越大，正向电流就越大，这种状态称为 PN 结的正向导通状态。

如图 1-6 所示将 P 区接电源的负极，N 区接电源的正极，PN 结处于反向偏置状态，简称反偏。此时外加电压在阻挡层内形成的电场与内电场方向一致，因而内电场加强了，使阻挡层变宽，阻碍了多数载流子的扩散运动。少数载流子在电场的作用下作漂移运动，由于其电流方向与正向电压极性相反，故称为反向电流。由于反向电流是由少数载流子所形成的，故反向电流很小。

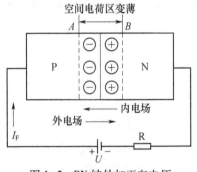

图 1-5 PN 结外加正向电压

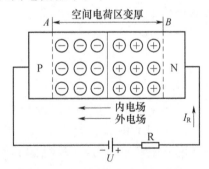

图 1-6 PN 结外加反向电压

由上述分析可知，当 PN 结正偏时，呈现较小的电阻，正向电流较大；当 PN 结反偏时，呈现较大的电阻，反向电流较小，几乎没有电流通过，可认为 PN 结是截止的。这就是 PN 结的单向导电性，即正偏导通、反偏截止。它就像一道阀门，其性能被广泛地应用。

1.2 半导体二极管

1.2.1 二极管的结构与符号

半导体二极管的核心就是一个 PN 结。以 PN 结为管芯,在 P 区和 N 区两侧分别接上电极引线,并用外壳封装,就可制成一个半导体二极管。半导体二极管组成示意图如图 1-7(a)所示。从 P 区接出的引线称为二极管的阳极,从 N 区接出的引线称为二极管的阴极,阳极又称为正极,阴极又称为负极。二极管的电路符号如图 1-7(b)所示。

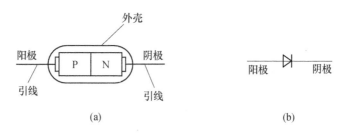

图 1-7 二极管组成示意图和电路符号

(a) 组成示意图;(b) 电路符号。

半导体二极管的类型很多,按所用材料划分,可分为硅管和锗管;按制造工艺划分,可分为点接触型、面接触型和平面型三类。其结构示意图如图 1-8 所示。

1. 点接触型二极管

其结构如图 1-8(a)所示,它的结面积很小,故极间电容很小,适合于在高频下工作,主要应用于小电流的整流、检波和混频等电路中。

2. 面接触型二极管

其结构如图 1-8(b)所示,它的结面积大,能通过较大的电流,但其结电容较大,故只能工作在较低的频率中,可用于较大电流、较低频率的整流电路中。

3. 硅平面型二极管

其结构如图 1-8(c)所示,结面积大的可通过较大的电流,适用于大功率整流;结面积小的结电容小,适用于在数字电路中作开关管使用。

1.2.2 二极管的特性

1. 二极管的单向导电性

将二极管接成图 1-9(a)所示电路,当开关 S 闭合时,二极管阳极接电源正极,阴极接电源负极,这种情况称为二极管正向偏置。当开关 S 闭合时,灯泡发亮,电流表中显示有较大电流。这时称为二极管导通,流过二极管的电流 I_F 称为正向电流。

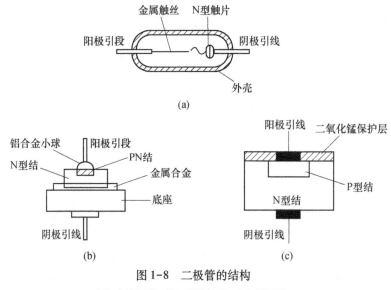

图 1-8　二极管的结构
(a) 点接触型；(b) 面接触型；(c) 平面型。

将二极管接成图 1-9(b)所示电路,这时二极管阳极接电源负极,阴极接正极,这时二极管称为反向偏置。开关 S 闭合,灯泡不亮,从电流表中看到电流很小,几乎为零,这时称为二极管截止。此时二极管中仍有微小电流通过,在二极管未反向击穿的情况下,该微小电流基本上不随外加反向电压的变化而变化,故称为反向饱和电流(亦称反向漏电流),用 I_S 表示。I_S 很小,但它会随温度上升而显著增加。故半导体二极管的热稳定性较差,一般硅管的热稳定性比锗管要好,在使用半导体二极管时,要考虑环境温度对器件和由它造成的电路的影响。

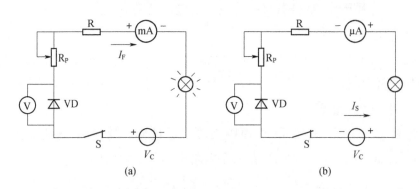

图 1-9　半导体二极管单向导电性实验与伏安特性的测试
(a) 二极管正向测试；(b) 二极管反向测试。

二极管正向导通、反向截止的这种特性称为二极管的单向导电性。

2. 二极管的伏安特性

在图1-9所示的电路中,改变电位器 R_P 的阻值,就可改变二极管两端的电压,电压表用来测定二极管两端的电压,电流表用来测定通过二极管电流。通过实验测定,可得出如图1-10所示的二极管的伏安特性曲线。

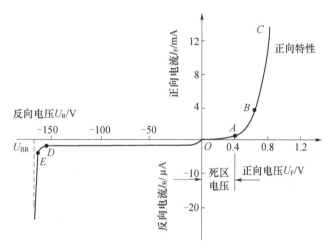

图1-10 半导体二极管伏安特性曲线

1) 正向特性

当二极管正向偏置电压低于某一数值时,正向电流很小,几乎为零,即正向电压较小时有一段"死区",如图1-10中 OA 段所示,这是由于外电场远不足以克服 PN 结内电场对多数载流子扩散运动所造成的阻力。当二极管两端所加电压超过一定数值以后,正向电流随着外加电压增加而快速上升。这个电压称为死区电压或门限电压,锗管约为0.1V,硅管约为0.5V。当外加电压超过死区电压后,其伏安特性曲线为图1-10中 AB 段,正向电压稍有变化,正向电流急剧增加,此时二极管在电路中相当于开关的导通状态。BC 段曲线近似于直线,称为线性区,在此区域当正向电流在一定范围内变化时,二极管两端导通电压的变化却不大,近似为恒压,锗管约为0.2~0.3V,硅管约为0.6~0.8V。在工程上,二极管的导通电压一般锗管取0.3V,硅管取0.7V。

2) 反向特性

当二极管反向偏置时,二极管有微小电流通过,称为反向电流,如图1-10中 OD 段所示。由图可见,反向电流基本上不随反向偏置电压的变化而变化,此时二极管呈现很高的反向电阻,处于截止状态,在电路中相当于开关的断开状态。

二极管的反向电流越小,表明二极管的反向性能越好。小功率硅管的反向电流在1μA 以下,小功率锗管可达几微安至几十微安。

3) 反向击穿特性

在图1-10中,当由 D 点继续增加反偏电压时,反向电流将急剧上升,这种现象称为反向击穿,发生击穿时的电压称为反向击穿电压 U_{BR}。各类二极管的反向击穿电压大小各不相同。普通二极管、整流二极管等不允许反向击穿情况发生,因为二极管反向击穿后,如果电流不加限制,将使二极管 PN 结过热而损坏。

4) 温度对二极管特性的影响

二极管具有热敏性,它对温度很敏感,因此其导电特性与温度有关,伏安特性随温度变化而变化,温度升高,正向特性曲线向左移,反向特性曲线向下移。其规律是:在室温附近,在同一电流的作用下,温度每升高 1℃,正向电压 U_F 将减少 2~2.5mV。从反向特性看,温度每升高 10℃,反向电流增加约一倍。此外,当温度升高时,二极管的反向击穿电压 U_{BR} 会有所下降。

5) 二极管伏安特性的数学表达式

根据理论可知,二极管的伏安特性可用下面的数学表达式表示:

$$I = I_S(e^{\frac{U}{U_T}} - 1) \tag{1-1}$$

式中:I 为通过二极管的电流;U 为二极管两端的电压;I_S 为二极管的反向饱和电流;$U_T = kT/q$ 为温度电压当量,其中 k 为玻尔兹曼常数,T 为绝对温度,q 为电子的电量,在室温下,即 $T = 300K$ 时,可得 $U_T = 26mV$。

电路中的电阻 R 是为了限制电流的大小而接入的限流电阻。

1.2.3 二极管的主要参数

1. 最大整流电流 I_{FM}

它是二极管长期运行时,允许通过的最大正向平均电流。实际应用时,通过二极管的平均工作电流不能超过 I_{FM},否则二极管将过热而烧毁。此值取决于 PN 结的面积、材料和散热情况。

2. 最大反向工作电压 U_{RM}

它是二极管允许的最大反向工作电压。当反向电压超过此值时,二极管可能被击穿。为了留有余地,通常取击穿电压的 1/2 作为 U_{RM}。

3. 反向电流 I_R

它指是二极管未击穿时的反向电流值。此值越小,表示二极管的单向导电性越好。由于反向电流是由少数载流子形成,故 I_R 值受温度的影响很大。

4. 最高工作频率 f_M

它是保证二极管具有良好单向导电性能的最高工作频率。它主要取决于 PN 结结电容的大小,结电容越大,则二极管允许的最高工作频率越低。当工作频率过高时,二极管将失去单向导电性能。

各主要参数可以从半导体器件手册中查找到,表 1-1 列出了几种二极管的典型参数,可供选择时参考。

表 1-1　几种二极管的典型参数

参数 型号	I_{FM}/mA	U_{RM}/V	I_R/μA	f_M	备注
2AP1	16	20	≤250	150MHz	点接触型锗管
2AP12	40	10	≤250	40MHz	
2CZ52A	100	25	≤100	3kHz	面接触型硅管
2CZ52D	100	200	≤100	3kHz	
2CZ56E	1000	100	≤500	3kHz	应加散热板
2CZ55C	3000	300	≤1000	3kHz	
IN4002	1000	100			
IN5403	3000	300			

1.2.4　二极管的识别与检测

1. 从型号命名识别二极管的材料、类型和规格

国家标准(GB/T 249—1989)规定,国产半导体器件的型号由五部分组成,其符号及意义如表 1-2 所列。

表 1-2　半导体器件型号组成部分的符号及意义

第一部分		第二部分		第三部分				第四部分	第五部分
用阿拉伯数字表示器件的电极数目		用汉语拼音字母表示器件的材料和极性		用汉语拼音字母表示器件的类别					
符号	意义	符号	意义	符号	意义	符号	意义		
2	二极管	A	N 型,锗材料	P	小信号管	G	高频小功率晶体管 (f_a≥3MHz,P_C<1W)	用阿拉伯数字表示序号	用汉语拼音字母表示规格号
		B	P 型,锗材料	V	混频检波管	D	低频大功率晶体管 (f_a<3MHz,P_C≥1W)		
		C	N 型,硅材料	W	电压调整管和电压基准管	A	高频大功率晶体管 (f_a≥3MHz,P_C≥1W)		
3	三极管	D	P 型,硅材料	C	变容管	T	闸流管		
		A	PNP,锗材料	Z	整流管	Y	体效应管		
		B	NPN,锗材料	L	整流堆	B	雪崩管		
		C	PNP,硅材料	S	隧道管	J	阶跃恢复管		
		D	NPN,硅材料	K	开关管				
		E	化合物材料	X	低频小功率晶体管 (f_a<3MHz,P_C<1W)				

2. 二极管极性的识别与好坏的判定

二极管的阳极、阴极一般在二极管管壳上有识别标记,有的印有二极管的电路符号,带有三角形箭头的一端为正极,另一端为负极;对于点接触二极管,一般在外壳上用色环或色点来标志正负极,靠近色环的一端为负极,有色点的一端为正极;发光二极管的正负极可从引脚长短来识别,长脚为阳极,短脚为阴极。

二极管具有单向导电性,即在正向电压的作用下导通电阻较小,而在反向电压作用下导通电阻极大或无穷大。对于极性不明的二极管,可用万用表电阻挡通过测量二极管的正、反向电阻值来判别其阳极、阴极,具体方法是用指针式万用表 R×1k 或 R×100 挡对二极管性能进行简易测试,测试方法如图 1-11 所示。

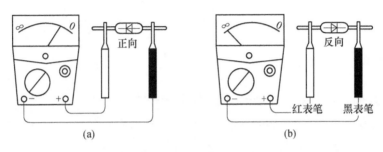

图 1-11 二极管性能简易测试
(a) 正向测试;(b) 反向测试。

将万用表两根表笔与二极管两端相接,当用万用表红表笔接二极管阴极、黑表笔接阳极时,测得为正向电阻,将黑、红表笔对调测得是反向电阻。若二极管正常,当导通时(电阻小),黑表笔所接一端是阳极即 P 极,红表笔所接一端是阴极即 N 极;若使用数字万用表则相反,红表笔是阳极,黑表笔是阴极,但数字表的电阻挡不能用来测量二极管,必须用二极管挡。

对于小功率锗管,若测得正向电阻为 100~1000Ω,硅管为几百到几千欧之间;反向电阻不论硅管还是锗管,阻值在几百千欧之上,说明二极管的性能是正常的。若正、反向电阻均为零或均为无穷大,表明二极管内部短路或断路,该二极管已损坏。

在用万用表测二极管性能时,要注意以下问题:

(1) 小功率二极管测试不能用 R×10 或 R×1 挡,以防止电流过大而损坏二极管;也不能用 R×10k 挡,以防止电压过大而击穿二极管。

(2) 根据二极管的功率大小和种类的不同选择不同倍率的电阻挡。小功率二极管一般用 R×1k 或 R×100 挡,中大功率二极管一般选用 R×10 或 R×1 挡。

(3) 对于同一个二极管,若选用的万用表型号不同或同一万用表选用的挡位不同,所测得的二极管电阻值也将有所不同,这是由万用表的内电压、内电阻不同以及二极管的非线性所造成的。

1.3 半导体二极管的电路模型分析

在实际应用中,一般根据二极管在电路中的工作状态,在分析误差允许的范围内,把非线性的二极管电路转化为线性电路模型来求解。下面介绍二极管的理想模型、恒压降模型和微变信号(交流小信号)模型。

1. 理想模型

当二极管的正向压降远小于外接电路的等效电压时,其电压降相比可忽略不计,可用如图 1-12 所示的理想二极管模型表示。图 1-12(a)中与坐标轴重合的折线近似代替二极管的伏安特性(虚线部分为实际二极管的正向部分),实际上它就是一个理想的开关。

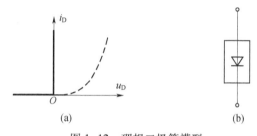

图 1-12 理想二极管模型
(a) 伏安特性曲线;(b) 电路模型。

2. 恒压降模型

当二极管的正向压降与外加电压相差不是太大,且流经二极管的电流近似等于或大于 1mA 时,可用如图 1-13 所示的恒压降模型来近似代替实际二极管。图 1-13(b)为其电路模型,该模型由理想二极管与理想电压源 U_F 串联构成,U_F 不随电流变化而变化。对于硅管,U_F 常取 0.7V,锗管取 0.3V。通过比较可知,这种模型比理想模型更接近实际的二极管,其应用很广。

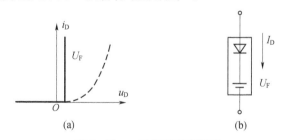

图 1-13 二极管恒压降模型
(a) 伏安特性曲线;(b) 电路模型。

当二极管的压降 U_F 作为输出电压时,一般采用恒压降模型。

3. 微变信号(交流小信号)模型

当信号频率不是很高(即低频)时,如果二极管两端电压在某一固定值附近有微小变化,即在工作点 Q 附近有微小变化,则其电流也在 Q 点附近有微小变化,因此二极管在 Q 点附近的一小段伏安特性曲线可以用该曲线在 Q 点的切线来近似,如图 1-14(a)所示。这样,对于变化量而言,二极管就等效为一个微变等效电阻 r_d,如图 1-14(b)所示。

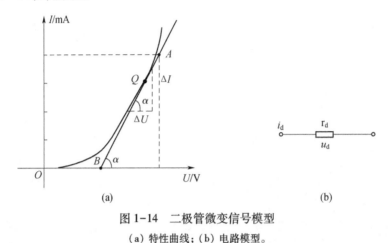

图 1-14 二极管微变信号模型

(a) 特性曲线;(b) 电路模型。

值得注意的是,微变信号模型只适用于工作点附近的低频小信号的情况,且 Q 点不同,r_d 也不同。在该模型中,作为非线性器件的二极管已被近似当作线性电阻来处理了。

例 1-1 如图 1-15 所示,试分别用二极管的理想模型和恒压降模型计算回路中电流 I_D 和输出电压 U_o(设二极管为硅管)。

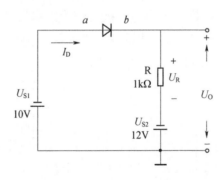

图 1-15 例 1-1 电路

解:首先要确定二极管是处于导通状态还是截止状态,可以先计算二极管未导通时阳极与阴极间的电位差,若该电位差大于二极管所需的导通电压时,则说明该二极管处于导通状态;若该电位差小于二极管所需的导通电压时,则说明该二极管处于截止状态。

由图 1-15 可知,二极管未导通时阳极电位 $U_a = -10V$,阴极电位 $U_b = -12V$,则两者的电位差为

$$U_{ab} = U_a - U_b = -10 - (-12) = 2V > U_F = 0.7V$$

因此在理想模型和恒压降模型中,二极管均处于导通状态。

(1)用理想模型。由于二极管导通,其管压降为零,所以

$$I_D = \frac{U_R}{R} = \frac{-U_{S1} + U_{S2}}{R}$$

$$= \frac{(-10 + 12)}{1 \times 10^3} = 2mA$$

$$U_o = -U_{S1} = -10V$$

(2)用恒压降模型。由于二极管导通,其管压降 $U_F = 0.7V$,故

$$I_D = \frac{U_R}{R} = \frac{-U_{S1} + U_{S2} - U_F}{R}$$

$$= \frac{(-10 + 12 - 0.7)}{1 \times 10^3} = 1.3mA$$

$$U_o = I_D R - U_{S2} = 1.3 \times 1 - 12 = -10.7V$$

1.4 半导体二极管的基本应用

二极管的基本应用主要是利用二极管的单向导电特性,因此,在应用电路中,关键是判断二极管是处于导通状态还是截止状态。二极管导通时一般用电压源 U_D 代替(硅管 U_D 取 0.7V,锗管 U_D 取 0.3V),或近似用短路线代替。截止时,一般将二极管断开,即认为二极管反向电阻为无穷大。

二极管的整流电路将在第 9 章直流稳压电源中讨论。

1.4.1 二极管限幅电路

当输入信号电压在一定范围内变化时,输出电压随输入电压相应变化;而当输入电压超出该范围时,输出电压保持不变,这就是限幅电路。通常将输出电压 u_o 开始不变的电压值称为限幅电平,当输入电压高于限幅电平时,输出电压保持不变的限幅称为上限幅;当输入电压低于限幅电平时,输出电压保持不变的限幅称为下限幅。

限幅电路如图 1-16、图 1-17 所示,改变 E 的值就可改变限幅电平。下面用理想模型分析图 1-16 所示二极管并联上限幅电路。

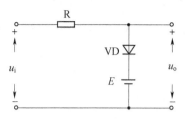 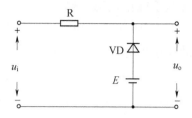

图 1-16 二极管并联上限幅电路　　　　图 1-17 二极管并联下限幅电路

当 $E=0$ 时,限幅电平为 0。当 $u_i>0$ 时,二极管导通,$u_o=0$;当 $u_i<0$ 时,二极管截止,$u_o=u_i$。其输入、输出电压波形如图 1-18(a)所示。

当 $0<E<U_m$ 时,限幅电平为 E。当 $u_i<E$ 时,二极管截止,$u_o=u_i$;当 $u_i>E$ 时,二极管导通,$u_o=E$。其输入、输出电压波形图如图 1-18(b)所示。

当 $-U_m<E<0$ 时,限幅电平为 E,其输入、输出电压波形图如图 1-18(c)所示。

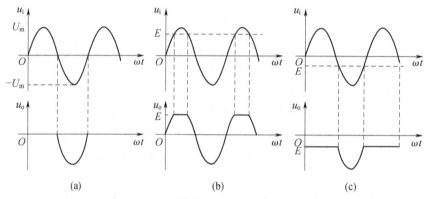

图 1-18 二极管并联上限幅电路波形关系
(a) $E=0$; (b) $0<E<U_m$; (c) $-U_m<E<0$。

在图 1-16 电路中,二极管与输出端并联,故称为并联限幅电路。由于该电路消去了 $u_i>E$ 部分,故称为上限幅电路。若将二极管极性反过来,如图 1-17 所示,则变为并联下限幅电路。

当二极管 VD 与输出端串联时,就组成串联限幅电路,图 1-19 和图 1-20 所示分别为二极管串联上限幅电路和二极管串联下限幅电路,其工作情况请读者自己分析。

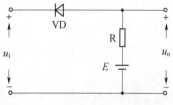 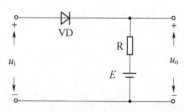

图 1-19 二极管串联上限幅电路　　　　图 1-20 二极管串联下限幅电路

1.4.2 二极管门电路

用二极管可组成门电路,实现一定的逻辑运算,如图1-21和图1-22所示,它们在逻辑运算中可分别实现"与"运算和"或"运算。在图1-21电路中,只要有一路输入信号为低电平,输出就为低电平;只有当全部输入均为高电平时,输出才为高电平。在图1-22电路中,只要有一路输入信号为高电平,输出就为高电平;只有当全部输入均为低电平时,输出才为低电平。

图1-21 二极管"与"门电路　　　　　图1-22 二极管"或"门电路

1.5 特殊二极管

二极管的种类很多,利用PN结的单向导电性制成的二极管有整流二极管、检波二极管和开关二极管等。此外,PN结还有一些其他特性,利用这些特性,采用适当工艺可制成特殊功能的二极管,如稳压二极管、光电二极管、发光二极管、光电耦合器件及变容二极管等。

1.5.1 稳压二极管

稳压二极管又称齐纳二极管,是一种特殊的面接触型二极管,它是通过半导体特殊工艺处理后,能长期在反向击穿状态下工作且具有很陡峭的反向击穿特性的二极管。

图1-23所示为稳压二极管电路符号及伏安特性曲线。由于硅管的热稳定性比锗管要好,故稳压二极管一般由硅材料做成,常用的稳压二极管有2CW和2DW系列。由图1-23(b)可知,在反向击穿区,当反向电流在较大范围内变化ΔI_Z时,管子两端电压相应的变化ΔU_Z却很小,这说明它具有很好的稳压特性。

图1-24所示为稳压二极管的工作电路,其中稳压二极管与负载R_L并联,电阻R一方面起限流保护作用,防止管子过热而烧毁;另一方面保证通过稳压管的电流大于稳定电流,以确保稳压管具有良好的稳压特性。

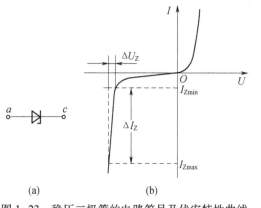
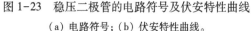
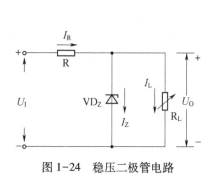

图 1-23　稳压二极管的电路符号及伏安特性曲线

(a) 电路符号；(b) 伏安特性曲线。

图 1-24　稳压二极管电路

稳压管的主要参数有以下几个。

1. 稳定电压 U_Z

稳定电压是稳压管工作在反向击穿区时的稳定工作电压。由于稳定电压随着工作电流的不同而略有变化，因而测试 U_Z 时应使稳压管的电流为规定值。稳定电压 U_Z 是挑选稳压管的主要依据之一。不同型号的稳压管，其稳定电压值不同；同一型号的管子，由于制造工艺的分散性，各个管子的 U_Z 值也有差别，在手册中只能给出某一型号管子的稳压范围。例如，稳压管 2DW7C，其 U_Z 为 6.1~6.5V，表明均为合格产品，其稳定值有的管子是 6.1V，有的可能是 6.5V 等，但这并不意味着同一个管子的稳定电压的变化范围有如此之大。

2. 稳定电流 I_Z

稳定电流 I_Z 是使稳压管正常工作时所需的最小电流，低于此值时稳压效果较差。工作时应使流过稳压管的电流大于此值。通常工作电流较大时，稳压性能较好，但电流要受管子功耗的限制，即 $I_{Zmax}=P_Z/U_Z$。

3. 额定功耗 P_Z

由于稳压管两端的电压值为 U_Z，而管子中又通过一定的电流，因此要消耗一定的功率。这部分功耗转化为热能，会使稳压管发热。P_Z 取决于稳压管允许的温升。

4. 动态电阻 r_z

r_z 是稳压管工作在稳压区时两端电压变化量与电流变化量之比，即 $r_z=\Delta U/\Delta I$。稳压管的反向击穿特性曲线越陡，则 r_z 值就越小，稳压性能就越好。同一稳压管，一般工作电流越大，r_z 值越小。通常手册上给出的 r_z 值是在规定的稳定电流之下测得的。

5. 电压温度系数 α

α 是表征稳定电压 U_Z 受温度影响的参数,常用温度每变化 1℃ 时 U_Z 改变的百分数来表示。一般情况下,稳定电压大于 7V 的稳压管,α 为正值,即当温度升高时,稳定电压值增大;稳定电压小于 4V 的稳压管,α 为负值,即当温度升高时,稳定电压值减小;而稳定电压在 4~7V 之间的稳压管,其 α 值较小,表明稳定电压值受温度影响较小,其性能比较稳定。

1.5.2 发光二极管

发光二极管简称 LED,它是一种将电能转换为光能的半导体器件,主要由元素周期表中第三、第五主族元素的化合物如砷化镓(GaAs)、磷化镓(GaP)等半导体材料制成。这些材料制成的 PN 结,当加上正偏电压时,其内部的电子与空穴直接复合将电能转化为光能而发光。光的颜色取决于制造 PN 结所用的材料,如砷化镓发射红外光,如果在砷化镓中掺入一些磷即可发出红色可见光;而磷化镓可发出绿色可见光等。发光二极管按发光颜色划分,可分为红色、黄色、蓝色、绿色、变色发光二极管和红外光二极管等。

发光二极管的外形和图形符号如图 1-25 所示。对于发红光、绿光、黄光的发光二极管,管脚引线较长者为正极,较短者为负极。如管帽上有凸起标志,那么靠近凸起标志的管脚就是正极。

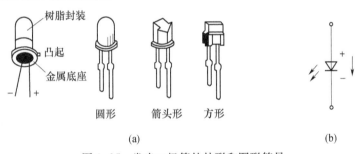

图 1-25 发光二极管的外形和图形符号
(a) 外形;(b) 图形符号。

发光二极管与普通二极管一样,也是由 PN 结构成的,也具有单向导电性,但导通电压降较普通二极管高,一般为 1.8~2.2V。它广泛应用于各种电子线路、家电、仪表等设备中,作电源或电平指示,有时也用于照明。

发光二极管可以用直流、交流等电源驱动,直流驱动电路如图 1-26(a)所示,交流驱动电路如图 1-26(b)所示。

发光二极管在使用的过程中应注意以下问题:

(1) 对于全塑型封装的 LED,正、负极引脚靠环氧树脂固定,为避免管芯受热损坏和因环氧树脂受热软化致使引脚移动引起内引线断开,装配焊接时要注意：首先，印制电路板上 LED 的安装孔应与管子两引脚间距相同，使引脚与环氧树脂管帽不产生应力；其次，焊接所用电烙铁应选用 25W 以下，焊接点应离管帽 4mm 以上；最后，焊接时电烙铁接触时间不要超过 4s，最好用镊子夹住管脚进行散热。

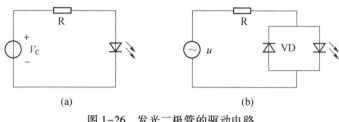

图 1-26　发光二极管的驱动电路
(a) 直流驱动电路；(b) 交流驱动电路。

（2）发光二极管使用时必须正向偏置。要合理选择 LED 的驱动电流，不能超过允许值，以免 PN 结结温过高，缩短管子寿命。

（3）为防止电流过大而被损坏，必须串接限流电阻 R，限流电阻 R 对保证 LED 正常工作起决定性作用。一旦限流电阻的电阻值选定，电源电压就不能改变，否则将会造成 LED 发光强度发生变化，严重时会损坏 LED。

1.5.3　光电二极管

随着科学技术的发展，在信号传输和存储等环节中，越来越多地应用光信号。采用光电子系统的突出优点是抗干扰能力强、传送信息量大、传输耗损小且工作可靠。光电二极管就是光电子系统中重要的电子器件。

光电二极管又称光敏二极管，它是利用 PN 结在施加反向电压时，在光线照射下反向电阻由大变小的原理来工作的。它的反向电流随光照强度的增加而上升，管壳上有一个玻璃窗口以便接收外部的光照。光电二极管外形图、电路符号和特性曲线如图 1-27 所示。

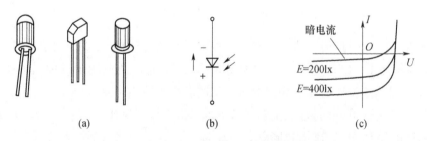

图 1-27　光电二极管外形图、电路符号和特性曲线
(a) 外形图；(b) 电路符号；(c) 特性曲线。

光电二极管种类很多，多用在红外遥控电路中。为减少可见光的干扰，常采用黑色树脂封装,往往作出标记角,指示受光面的方向。一般情况下,管角长的为正极。

光电二极管在使用过程中管壳必须保持清洁,以保证器件光电灵敏度。管壳脏了,应及时用酒精棉擦试干净。

1.5.4 光电耦合器件

将光电二极管和发光二极管组合起来可构成二极管型的光电耦合器件,如图1-28 所示,它以光作为媒介实现电信号的传递。由于发光二极管和光电二极管分别接在输入、输出回路中,电路间电信号相互隔离,因而常用于信号的单方向传输同时需要电路间电隔离的场合。

通常光电耦合器件用在计算机控制系统的接口电路中。

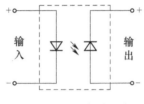

图 1-28 光电耦合器件

1.5.5 变容二极管

变容二极管是利用 PN 结的势垒电容随外加反向电压变化而变化的特性制成的。反偏电压增大时电容减小,反之电容增大。变容二极管的电路符号与特性如如图 1-29 所示。

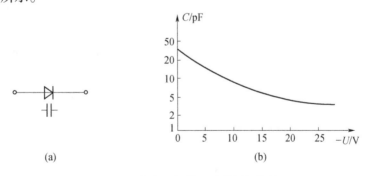

图 1-29 变容二极管电路符号与特性
(a) 电路符号;(b) 结电容与电压的关系。

变容二极管的电容量较小,一般为 pF 数量级,其最大值为几十到几百皮法,如 2CC 系列型号 2CC13A,电容变化范围为 30~125pF。它主要用于高频电路中作自动调谐、调频、调相等,例如在电视接收机的调谐回路中作可变电容等。

本 章 小 结

（1）在本征半导体中掺入不同的微量元素，就会得到导电性质不同的半导体材料。根据半导体掺杂特性的不同，可制成 N 型和 P 型半导体。由它们构成的 PN 结是各种半导体的基础。半导体二极管的核心就是一个 PN 结，它是以 PN 结为管芯，在 P 区和 N 区两侧分别接上电极引线，并用外壳封装而成。

（2）二极管的性能常用伏安特性曲线来描述，它分为正向、反向、和击穿三部分，二极管是非线性元件。二极管的主要参数有最大整流电流、最高反向工作电压、反向电流、最高工作频率等。利用万用表可判别二极管的极性及其性能的好坏。

（3）在实际应用中，一般根据二极管在电路中的工作状态，在分析误差允许的范围内，常把非线性的二极管电路转化为线性电路模型来求解，其线性电路模型有理想模型、恒压降模型、微变信号模型等。

（4）二极管的应用有整流、限幅、构成门电路等。

（5）特殊二极管有稳压二极管、光电二极管、发光二极管、光电耦合器件和变容二极管等，它们在信号处理、存储、传输、自动控制等方面有着广泛的运用。

思考与练习题

一、填空题

1. 半导体中的载流子为_____和_____；N 型半导体中的多子是_____，少子是_____；P 型半导体中的多子是_____，少子是_____。

2. 在杂质半导体中，多数载流子浓度主要取决于_____，而少数载流子的浓度主要取决于_____。

3. PN 结加正向电压是指电源的正极接_____区，电源的负极接_____区，这种接法叫_____。

4. 二极管加正向电压时，有一段"死区电压"，锗管约为_____，硅管约为_____；硅二极管完全导通后的管压降约为_____，锗二极管完全导通后的管压降约为_____。

5. 二极管反向击穿有电击穿和热击穿两种情况，其中_____是可逆的，而_____会损坏二极管。

6. 二极管具有_____性，当_____时，二极管呈_____状态；当_____时，二极管呈_____状态。

7. 二极管的类型按材料可分为_____和_____两类。2AP12 型二极管是由半导体材料_____制成的；2CZ52A 型二极管是由半导体材料_____制成的。

8. 二极管正向偏置电压大于_____电压时，二极管才能导通。

二、选择题

1. 用指针式万用电表不同欧姆挡测量二极管的正向电阻值时，会观察到测得的阻值不相同，其根本原因是_____。

　　A. 二极管的质量差　　　　　　B. 二极管不同欧姆挡有不同内阻

　　C. 二极管有非线性的伏安特性

2. 二极管正向电压从 0.7V 增大 10% 时，流过的电流增大_____。

　　A. 10%　　　　　　　　　　　B. 大于 10%

　　C. 小于 10%　　　　　　　　　D. 不变

3. 当温度升高后，二极管的正向压降将_____，反向电流将_____。

　　A. 增大　　　　　　　　　　　B. 减小

　　C. 不变

4. 稳压管二极管工作在_____状态下，能够稳定电压。

　　A. 正向导通　　　　　　　　　B. 反向截止

　　C. 反向击穿

5. 指针式万用表的两表棒分别接触一个整流二极管的两端，当测得的阻值较小时，红表笔所接触的是_____；而用数字万用电表的情况下，黑表棒所接触的是_____。

　　A. 二极管的正极　　　　　　　B. 二极管的负极

三、分析与简答题

1. 温度对二极管的正向特性影响较小，而对其反向特性影响较大，为什么？

2. 现有 A、B 两个二极管，它们的反向饱和电流分别为 5μA 和 0.2μA；在外加相同的正向电压时电流分别为 20mA 和 8mA。你认为哪一个二极管的性能较好？

3. 在用万用表的 R×10、R×100 和 R×1k 三个欧姆挡测量某二极管的正向电阻时，共测得三个不同的数值：4kΩ、85Ω 和 680Ω，试判断它们各是哪一挡测出的。

4. 能否利用硅二极管较陡峭的正向特性稳压作用？若能稳压，则二极管应如何偏置？

四、作图与计算题

1. 某二极管在室温下的反向饱和电流为 1μA，求外加正向电压为 0.2V、0.4V 时二极管的直流电阻 R_D 和交流电阻 r_d。（提示：二极管的直流电阻 $R_D = U_D/I_D$；交流电阻 $r_d = \Delta U/\Delta I$）

2. 两只硅稳压管的稳定电压分别是 $U_{z1} = 6V, U_{z2} = 4.5V$。若把它们串联起来，则可得到几种稳定电压？各为多少？若把它们并联起来呢？

3. 如图 1-30 所示，$E = 5V$，已知输入电压 $u_i = 20\sin\omega t(V)$，二极管看作理想元件，试画出输出电压 u_o 波形。

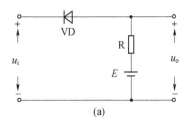 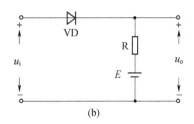

图 1-30 题 3 图

4. 如图 1-31 所示，已知 $R = 1k\Omega$，$E_1 = 2V$，$E_2 = 4V$，输入电压 $u_i = 10\sin\omega t$ (V)，二极管看作理想元件，试画出输出电压 u_o 波形。

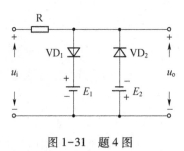

图 1-31 题 4 图

5. 如图 1-32 所示，已知 $R = 3k\Omega$，$U_{CC} = 12V$，$U_A = 3V$，$U_B = 0V$，$U_C = 3V$，二极管均看作理想元件，试确定输出电压 U_o 的值。

6. 如图 1-33 所示，试分别用二极管的理想模型和恒压降模型计算回路中的电流 I_D 和输出电压 U_o。（设二极管为硅管）

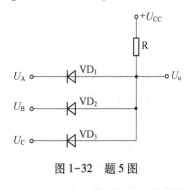 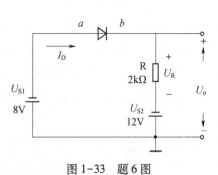

图 1-32 题 5 图   图 1-33 题 6 图

第 2 章　晶体三极管及其基本放大电路

【学习目标】
(1) 了解晶体三极管的结构、类型、命名方式和引脚排列。
(2) 掌握晶体三极管的输入和输出特性曲线。
(3) 了解放大电路失真的原因,掌握调整 Q 点的方法。
(4) 掌握固定偏置共发射极放大电路的组成和静动态分析。
(5) 掌握分压式偏置共射极放大电路的作用、工作原理和静动态分析。
(6) 掌握共集电极和共基极放大电路的组成、特点和分析方法。

在生活中有很多信号是十分微弱的,需要使用电子设备进行处理,也就是需要放大电路首先将这些微弱的信号进行放大,然后推动相应的设备工作。晶体三极管是一种用来组成放大电路的核心器件,它与其他元件组合能进行电流、电压和功率的放大。本章将对晶体三极管及其组成的基本放大电路进行介绍和分析。

2.1　晶体三极管

晶体三极管又称为半导体三极管或双极性三极管,常简称三极管或晶体管。晶体三极管可以放大电流,是放大电路实现信号放大功能的核心器件。晶体三极管有多种外形,常用的晶体三极管外形如图 2-1 所示。

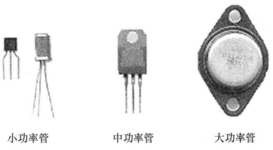

小功率管　　中功率管　　大功率管
图 2-1　常用晶体三极管实物图

2.1.1 晶体三极管的结构和放大原理

1. 晶体三极管的结构

晶体三极管由三层不同的杂质半导体构成,这三层杂质半导体使晶体三极管的内部形成了两 PN 结。根据半导体材料的不同,晶体三极管可以分为硅管和锗管;根据晶体三极管内部三层杂质半导体类型的不同,晶体三极管又可以分为 NPN 型和 PNP 型,其结构示意图和图形符号如图 2-2 所示。

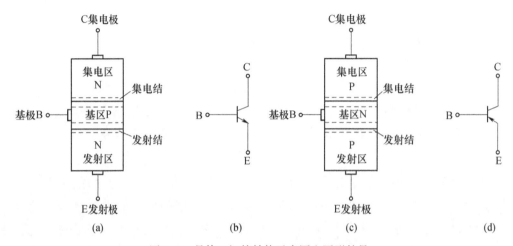

图 2-2 晶体三极管结构示意图和图形符号

(a) NPN 型结构示意图;(b) NPN 型符号;
(c) PNP 型结构示意图;(d) PNP 型符号。

如图 2-2 所示,晶体三极管内部的三层杂质半导体分别称为发射区、基区和集电区,从这三个区中引出的电极分别称为发射极、基极和集电极,通常用字母 E(发射极)、B(基极)和 C(集电极)来表示。

三极管中的三层半导体形成的两个 PN 结中,由集电区和基区形成的 PN 结称为集电结,由发射区和基区形成的 PN 结称为发射结。三极管的剖面示意图如图2-3所示。在内部结构上,晶体三极管具有如下特点:

(1) 发射区重掺杂,杂质浓度最高。

(2) 基区很薄,通常只有几微米至几十微米,而且是低掺杂,杂质浓度最低。

(3) 集电区掺杂浓度较低,集电结的面积比较大,以保证尽可能收集到发射区发射的电子。

正因为有上述特点,晶体三极管才具有电流放大的功能。在使用时,三极管不能用两个二极管代替,也不能将发射极和集电极互换。

三极管具有放大作用,从外部条件来看,外加电源的极性应保证发射结处于正向偏置状态、集电结应处于反向偏置状态。

2. 晶体三极管的放大原理

晶体三极管要实现其放大功能,需要组成相应的电路,图 2-4 所示是由 NPN 型晶体三极管组成的共发射极基本放大电路。

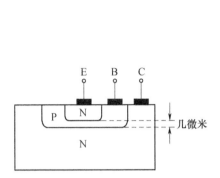

图 2-3　晶体三极管剖面示意图

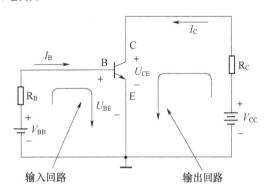

图 2-4　共发射极基本放大电路

在图 2-4 电路中,晶体三极管的基极与发射极之间接基极电源 V_{BB},形成了一个回路,这个回路用来接收输入信号,称为输入回路。输入回路中晶体三极管的基极 B 和发射极 E 之间形成了基-射极电压 U_{BE},即为晶体三极管的输入电压。

集电极和发射极之间接集电极电源 V_{CC},V_{CC} 比 V_{BB} 大,形成的回路称为输出回路,用来输出放大后的信号。输出回路中晶体三极管的集电极 C 和发射极 E 之间形成了集-射极电压 U_{CE},即为晶体三极管的输出电压。电路中晶体三极管的发射极为输入回路和输出回路所共用,所以叫做共发射极放大电路。下面以如图 2-4 所示的电路为例来介绍晶体三极管各极电流的形成和放大原理。

1) I_E 的形成

将图 2-4 中的 NPN 型晶体管的符号换成如图 2-2 中的结构示意图,就变成了如图 2-5 所示的形式。在图 2-5 所示电路中,发射区(N)接地,基区(P)通过电阻 R_B 接 V_{BB},使基极和发射极之间的电压 U_{BE} 为正值,发射结正向偏置。发射结中的载流子运动以扩散运动为主。由于发射区杂质浓度很高,其多子(电子)数量很大,在基极电源 V_{BB} 的作用下,发射区中的大量电子向基区运动,同时不断有电子从电源负极流入发射区,使发射区的电子向基区的扩散能持续进行。这些从电源负极流入发射区的电子形成的电流即为发射极电流 I_E。

2) I_B 的形成

来自发射区的大量电子运动到基区后,会与基区的空穴复合。在 V_{BB} 正极的作用下,不断有基区的电子从基极流出,形成新的空穴。这些新形成的空穴又会与扩散至基区的电子复合,这样就使复合持续的进行下去。从基极流出的电子形

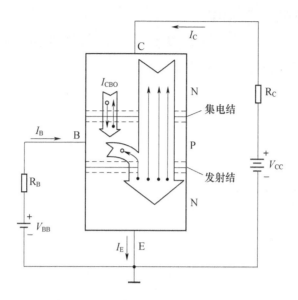

图 2-5　晶体三极管载流子运动示意图

成了基极电流 I_B。由于基区很薄而且空穴浓度较低,参与复合的空穴数目不多,所以 I_B 的值很小。

3) I_C 的形成

虽然从发射区扩散至基区的电子会有一部分在基区参与复合,但是由于基区的空穴数量有限,大部分的电子没有参与复合,而是聚集在基区靠近发射结的附近。

集电区通过电阻 R_C 接电源 V_{CC},由于 V_{CC} 要比 V_{BB} 大,使集电区(N)的电位比基区(P)高,集电结反向偏置,基区中的电子会在 PN 结的自建场的作用下向集电区方向漂移,使得基区靠近集电结地方的电子浓度变得很低,这样就与聚集在基区靠近发射结附近的大量电子形成了电子浓度差,这些电子会向集电结扩散。由于基区很薄,同时因为集电结面积较大,绝大多数的电子都能够顺利地到达集电结处,参与集电结的漂移运动移动到集电区。在 V_{CC} 正极的作用下,集电区的电子不断地从集电极流出,使集电区能持续地收集漂移过来的电子。从集电极流出的电子就形成了集电极电流 I_C。

在发射结的扩散运动中,基区的空穴也会向发射区扩散,在集电结的漂移运动中,基区自身的电子也会向集电区漂移。但是由于基区很薄而且杂质浓度很低,所以无论是向发射区扩散的空穴还是向集电区漂移的自身的电子,其数量都很少,形成的电流在近似分析中可以忽略不计。

由上面的分析可以看出,I_C、I_E 主要由发射区的电子移动而形成的,比较大;I_B 主要由基区的空穴和移动来的电子复合形成的,比较小。从载流子的运动上可以

看出

$$I_E = I_B + I_C \qquad (2-1)$$

很明显

$$I_E > I_C > I_B$$

在晶体管处于放大的状态时,发射区扩散到基区的电子中,参与基区复合的电子数目和参与集电结漂移运动的电子数目呈固定的比值,这样集电极电流 I_C 与基极电流 I_B 之间就有固定比值,由于 $I_C>I_B$,即基极电流在集电极得到了一定比率的放大。将此时 I_C 与 I_B 的比值称为共射直流放大系数 $\bar{\beta}$,即

$$\bar{\beta} = \frac{I_C}{I_B} \qquad (2-2)$$

当有外部变化的电压输入到如图2-4所示电路的输入回路中时,会使晶体三极管的基-射极电压 U_{BE} 发生变化,基极电流 I_B 和集电极电流 I_C 也会随之发生变化。同样,集电极电流的变化量 ΔI_C 与基极电流的变化量 ΔI_B 之间也有一个固定的比值,即基极电流的变化在集电极输出时也以固定的比率放大了。将 ΔI_C 与 ΔI_B 的比值称为共射交流放大系数 β,即

$$\beta = \frac{\Delta I_C}{\Delta I_B} \qquad (2-3)$$

在多数情况下 $\beta \approx \bar{\beta}$,工程应用中一般不对 β 和 $\bar{\beta}$ 进行区分,而统称为电流放大系数 β。

β 的值表明了三极管的电流放大能力,不同型号的晶体管 β 值各有不同,其值从几十至几百。β 太小,管子的放大能力就差,β 过大则管子不够稳定。

2.1.2 晶体三极管的特性曲线

描述晶体三极管各极电压、电流之间关系的曲线称为晶体三极管的特性曲线。特性曲线可以直观地反映出三极管的性能,是选用三极管的重要依据。

下面以共发射极放大电路中的 NPN 型三极管为例介绍三极管的特性曲线。

根据特性曲线描述的电压和电流关系的不同,特性曲线可以分为输入特性曲线和输出特性曲线。

1. 输入特性曲线

输入特性曲线描述的是在 U_{CE} 一定的情况下,输入电压 U_{BE} 和输入电流 I_B 之间的关系,用数学表达式表示为

$$I_B = f(U_{BE}) \Big|_{U_{CE}=常数} \qquad (2-4)$$

输入特性曲线如图2-6所示。

观察输入特性曲线可以发现:

(1) 当 $U_{CE}=0$ 时,集电极和发射极接地,从基极看进去,发射结和集电结两个 PN 结并联。当 U_{BE} 为正时,发射结和集电结均正向偏置,这时输入特性曲线相当于两个并联的二极管的正向伏安特性曲线,即如图 2-6 中所示的 $U_{CE}=0$ 对应的曲线与二极管的正向伏安特性曲线相似。当 U_{CE} 从 0 开始增大时,集电结上开始加上反向电压,结内的电场开始增强,开始有部分从发射区扩散到基区的电子参与集电结的漂移运动到达集电区,使参与基区复合的电子减少,在发射结压降 U_{BE} 相同的情况下,基极电流 I_B 就会相应减小,表现在图线上就是曲线向右移动。

(2) 当 U_{CE} 增大到一定值时,集电结内的电场已经有足够强,已经将绝大多数扩散至基区的电子收集到集电区,这时,即使 U_{CE} 继续增加,也没有更多的电子让集电结收集,I_B 也不再有明显的减小。

实际上,当 $U_{CE}>1V$ 时,不同的 U_{CE} 对应的输入特性曲线几乎重合在一起,一般可以使用 $U_{CE}>1V$ 时的任意一条曲线(如 $U_{CE}=2V$)来代表 $U_{CE}>1V$ 的输入特性曲线。

(3) 与二极管特性曲线一样,三极管输入特性曲线也有一个死区,硅管死区电压(或开启电压)约为 0.5V,锗管约为 0.1V。当 U_{BE} 大于死区电压后,I_B 快速增加,而 U_{BE} 变化不大。当三极管正常工作时 U_{BE} 变化不大,硅管为 0.6~0.8V,一般取 0.7V;锗管为 0.2~0.3V,一般取 0.3V。

(4) 温度的变化对输入特性曲线会造成影响,当温度升高时,载流子运动加剧,对于相同的基-射电压,I_B 会增大。同时,发射结的开启电压也会减小,曲线会向左移动,如图 2-7 所示。

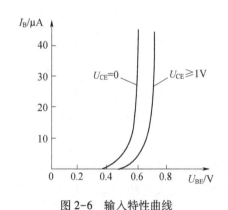

图 2-6 输入特性曲线

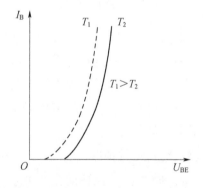

图 2-7 温度对输入特性曲线的影响

2. 输出特性曲线

输出特性曲线描述的是当输入电流 I_B 一定时,输出电流 I_C 与 U_{CE} 之间的关

系，用数学表达式表示为

$$I_C = f(U_{CE}) \Big|_{I_B = 常数} \quad (2-5)$$

每个确定的 I_B 对应一条曲线，取多个不同的 I_B 值，就有多条曲线与之对应，所以输出特性曲线由多条曲线构成，称为特性曲线族，如图 2-8 所示。

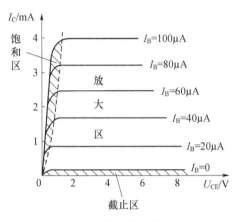

图 2-8 输出特性曲线

观察 $I_B>0$ 的输出特性曲线，可以发现这些曲线的变化情况相似，都是开始时快速上升，上升一段距离后保持稳定。

以 $I_B>0$ 的任意一条曲线为例来进行分析：

开始时，曲线呈上升状态，当 U_{CE} 由零开始逐渐增大时，I_C 的值也在随之增加。这是因为此时集电结开始加上反向电压，结内的电场逐渐增强，使集电结收集电子的能力逐渐增强，越来越多地扩散至基区的电子被集电结收集到集电区，I_C 也就随之逐渐增大。

当 U_{CE} 增大到一定值后，I_C 的值不再随着 U_{CE} 的继续增大而发生明显的变化，曲线变成了基本与横轴平行的状态。这是因为此时的集电结内的电场已经足够强，绝大部分扩散到基区的电子已经被其收集，这时 U_{CE} 再继续增大也不能使集电结收集到更多的电子，所以 I_C 基本上不再发生变化。

根据三极管工作状态的不同，输出特性曲线可以分为截止区、饱和区和放大区三个工作区，如图 2-8 所示。

1）截止区

$I_B \leqslant 0$ 的区域称为截止区，此时发射结反向偏置，或者虽然是正向偏置但是 U_{BE} 小于发射结的开启电压，同时集电结也反偏。在这种状态下，发射区的大量电子没有扩散到基区，无论 U_{CE} 多大，集电结也无法收集到这些电子，所以此时的 I_C 很小，近似为 0，晶体三极管处于停止工作的截止状态，故称为截止区。对于 NPN

型三极管,$U_{BE}<0,U_{BC}<0$。

2) 放大区

三极管工作在放大区时,$I_B>0$,$U_{CE}>U_{BE}$,发射结正偏,集电结反偏,此时 U_{CE} 的变化对 I_C 影响很小,I_C 的值几乎只与 I_B 的值有关,当 I_B 变化时 I_C 也相应变化,I_C 的变化值和 I_B 的变化值之间满足式(2-3),实现了对电流的放大。在放大电路中,应保证三极管工作在放大区。

3) 饱和区

三极管工作在饱和区时,$I_B>0$,$U_{CE}\leqslant U_{BE}$,发射结和集电结都是正向偏置,此时集电结收集电子的能力处于增长状态,I_C 主要受 U_{CE} 变化的影响,与 I_B 的变化基本无关,这时三极管没有对 I_B 进行放大的能力。当 $U_{CE}=U_{BE}$ 时称为临界放大状态。

通过晶体三极管的输出特性曲线,可以找出其电流放大系数 β。如图 2-9 所示,确定两条不同 I_B 的输出特性曲线,找出在放大区里的两条曲线对应的 I_C 和 I_B 的变化值 ΔI_C 和 ΔI_B,ΔI_C 与 ΔI_B 的比值就是电流放大系数 β。

同输入特性曲线一样,输出特性曲线也会受到温度的影响。当温度升高时,相同 I_B 对应的 I_C 值会相应增大,曲线会随着温度的上升向上移动。同时,ΔI_C 与 ΔI_B 的比值即 β 值也会有所增加,温度每升高 1℃,β 值会增加 0.5%~1.0%,表现在图形上就是放大区中曲线的间隔会增大,如图 2-10 所示。

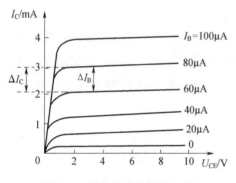

图 2-9 输出特性曲线和 β 值

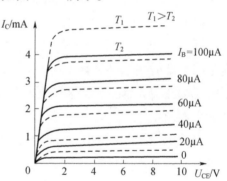

图 2-10 温度对输出特性曲线的影响

2.1.3 晶体三极管的主要参数

晶体三极管的性能除了通过特性曲线描述外,还可以通过各种参数来进行描述,要完整描述一个晶体三极管需要的参数有很多,下面介绍其中的主要参数。

1. 电流放大系数

主要有共射直流放大系数 $\bar{\beta}$ 和共射交流放大系数 β,它们反映了晶体三极管对电流的放大能力。

2. 极间反向电流 I_{CBO}、I_{CEO}

I_{CBO}是在发射极开路时,集电极和基极间的反向饱和电流。I_{CBO}主要由基区自身的少子(电子)和集电区的少子(空穴)通过集电结的漂移运动所形成的。小功率硅管的I_{CBO}一般小于1μA,而锗管的I_{CBO}一般为10μA左右。

I_{CEO}是在基极开路时,集电极和发射极间的穿透电流。I_{CEO}与I_{CBO}的关系为

$$I_{CEO} = (1 + \beta) I_{CBO} \qquad (2-6)$$

I_{CBO}是由少子的运动形成的,受温度的影响很大。温度每上升10℃,I_{CBO}约上升一倍。根据式(2-6),温度对I_{CEO}的影响会更大。过大的极间反向电流会影响到I_C。为了使放大电路的性能更加稳定,在选用晶体三极管时要尽量选择极间反向电流小的。

3. 极限参数

极限参数是为了保证晶体管能正常工作而设定的一些在使用过程中不能超过的极限值,常用的极限参数有以下几个。

1) 集电极最大允许电流 I_{CM}

I_C可以在很大的范围内保持与I_B的比值不变,但是如果I_C超过一定值,会引起β值的下降,影响晶体管的放大性能。一般将使β值下降到正常值的1/3~2/3时的I_C定为I_{CM}。

2) 极间反向击穿电压

极间反向击穿电压主要有:

(1) 集电极-发射极反向击穿电压 $U_{(BR)CEO}$。$U_{(BR)CEO}$是当基极开路时,集电极与发射极之间所能承受的最大反向电压。

(2) 发射极-基极反向击穿电压 $U_{(BR)EBO}$。$U_{(BR)EBO}$是当集电极开路时,发射极与基极之间所能承受的最大反向电压。

在晶体三极管工作时,如果极间所加的反向电压超过了极间反向击穿电压,当$U_{CE}>U_{(BR)CEO}$时,晶体三极管会被击穿,对管子的性能构成影响,甚至造成管子的损坏。

3) 集电极最大允许功率损耗 P_{CM}

在晶体三极管工作时,管子两端有电压降U_{CE},有集电极电流I_C通过,这样会消耗一定的功率,由于U_{CE}和I_C都比较大,所以在集电极上会产生较大的功率损耗P_C,即

$$P_C = U_{CE}I_C \qquad (2-7)$$

损耗的功率会使晶体管的温度上升,当温度上升到一定值,会使晶体三极管的特性恶化,甚至损坏管子。所以根据管子所能承受的最高温度,设定了集电极

最大允许功耗 P_{CM}。P_{CM} 是一个常数,可以在输出特性曲线上画出 $U_{CE}I_C = P_{CM}$ 的曲线,如图 2-11 所示。

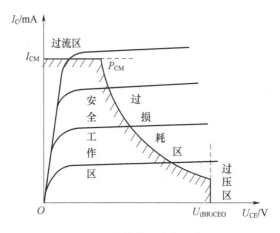

图 2-11　晶体管的安全工作区

在图 2-11 中,$I_C > I_{CM}$ 的区域称为过流区,$U_{CE} > U_{(BR)CEO}$ 的区域称为过压区,$P_C > P_{CM}$ 的区域称为过损耗区。同时满足 $I_C < I_{CM}$、$U_{CE} < U_{(BR)CEO}$、$P_C < P_{CM}$ 等条件的区域就是晶体三极管的安全工作区。

2.1.4　晶体三极管的命名与引脚识别

1. 晶体三极管的命名

我国对晶体三极管的命名一般由五部分组成,例如,一种晶体三极管的型号为 3AX31D,其中第一部分为数字 3,表示该器件为三极管;第二部分为字母 A,表示管子的材料为锗,内部结构为 PNP 型;第三部分为字母 X,表示管子为低频小功率管;第四部分为数字 31,表示管子在同种型号器件中的序号;第五部分为字母 D,表示管子在同型号器件中的规格,这一部分有些时候可以缺少。

第二部分和第三部分常用符号及其代表的意义如下:

第二部分:A 表示锗材料 PNP 型;B 表示锗材料 NPN 型;C 表示硅材料 PNP 型;D 表示硅材料 NPN 型;E 表示化合物材料。

第三部分:X 表示低频小功率管;D 表示低频大功率管;G 表示高频小功率管;A 表示高频大功率管,等等。

2. 常见晶体三极管引脚的识别

小功率晶体三极管可以分为金属封装和塑料封装两种,都有三个引脚,一般是按照 E-B-C 的顺序排列,这两种小功率晶体三极管的引脚的排列如图 2-12 所示。

大功率晶体三极管分为 F 型和 G 型,其引脚排列有所不同。F 型只有两个引脚,分别为 E 极和 B 极,以金属底座为 C 极。将 F 型大功率晶体三极管底面朝上观察,有两个位于垂直轴线的左侧的引脚,上方的为 E 极,下方的为 B 极,如图 2-13(a)所示。

G 型有三个引脚,同样从管子底面朝上观察,位于垂直轴线左侧的引脚为 B 极,位于右侧的两个引脚,上方的为 C 极,下方的为 E 极,如图 2-13(b)所示。

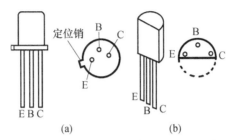

图 2-12 小功率晶体三极管引脚排列示意图
(a) 金属封装;(b) 塑料封装。

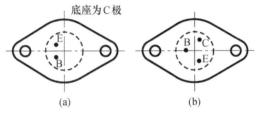

图 2-13 大功率晶体三极管引脚排列示意图
(a) F 型;(b) G 型。

2.2 共发射极基本放大电路

在实际应用中,有很多需要检测和控制的电信号往往十分微弱,需要通过放大电路对其进行放大。在晶体管放大电路中,共发射极的接法最为普遍,下面介绍共发射极基本放大电路的组成和分析方法。

2.2.1 共发射极基本放大电路的组成

图 2-14 就是一个共射极基本放大电路。与图 2-4 电路相比,图 2-14 增加了输入信号源、输出负载和输入输出耦合电容。

图 2-14 所示电路中各元件的作用如下:

晶体三极管是放大电路的核心元件,能对电流进行放大。V_{BB} 为基极电源,作用是使晶体管的发射结正向偏置,保证发射区的电子扩散以及基区的复合能持续进行,产生基极偏置电流 I_B。R_B 为基极电阻,用来调整基极偏置电流 I_B。V_{CC} 为集电极电源,用来使集电结反向偏置,保证集电区能持续的收集电子,产生集电极电流 I_C,同时为整个放大电路提供能源。R_C 为集电极电阻,用来将 I_C 的变化转换成其两端的电压变化,进而引起输出电压 U_{CE} 的变化,将晶体三极管对电流的放大转换为电压的放大。

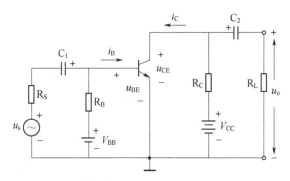

图 2-14 共发射极基本放大电路

电容 C_1、C_2 为耦合电容,实现放大电路与信号源和负载之间的耦合(连接),电容对于直流信号等同于断路,可以起到隔离直流信号的作用,使放大电路与信号源和负载之间没有直流信号的联系。对于交流信号,C_1、C_2 等同于短路,使输入和输出的交流信号可以顺利通过。C_1、C_2 通常使用容量较大的电解电容。

u_s 和 R_S 组成信号源,其中 R_S 相当于信号源的内阻。R_L 为放大电路所接的负载。

图 2-14 所示的电路有大小不等的两个电源 V_{BB} 和 V_{CC},在实际使用中这样的配置会带来不便。一般情况下可以把基极电源 V_{BB} 去掉,将基极通过 R_B 接在电源 V_{CC} 上,同样可以使晶体三极管的基极与发射极之间获得电压,其电路一般画成如图 2-15 所示的形式。这样做的好处是电路中只使用一个电源,简化了电路,方便了使用。

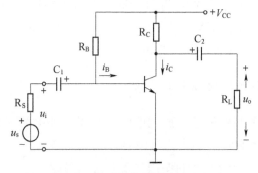

图 2-15 单电源共射基本放大电路

在没有信号输入时,放大电路中各电流电压都是保持不变的直流量,称为静态,当有交流信号输入时,输入的交流信号会叠加在直流量上在放大电路中进行放大和传输,这时电路中的电压和电流处于变化的状态,称为动态。对放大电路的这两种状态要分别分析,即静态分析和动态分析。静态分析和动态分析也称为直流分析和交流分析。

2.2.2 共发射极基本放大电路的静态分析

如图 2-15 所示的电路。在 $u_s=0$ 时,没有信号输入放大电路,电路中没有交流分量,在直流电源 V_{CC} 的作用下,电路中的电压、电流都会保持不变,此时的电路状态为静态,对此时的电路情况进行分析称为静态分析。

1. 直流通路

在进行静态分析时,由于只考虑电路中的直流信号,电压、电流都会保持不变,此时电容可以视为开路,于是图 2-15 中的共射极基本放大电路可以画成如图 2-16 所示的形式,直流信号通过的通路称为直流通路。

2. 静态工作点

在没有信号输入时,电路中的基极电流 I_B、集电极电流 I_C、集电极与发射极之间的电压 U_{CE} 都保持不变,这些确定的值在输出特性曲线上对应着一个点,这个点称为静态工作点,用 Q 表示,也称 Q 点,如图 2-17 所示。Q 点对应的 I_B、I_C、U_{CE} 常用 I_{BQ}、I_{CQ}、U_{CEQ} 表示。

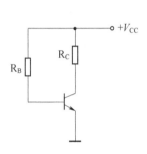
图 2-16 共射基本放大电路的直流通路

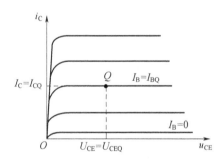
图 2-17 静态工作点

静态工作点反映了电路的直流工作状态,如果设置不当就会造成信号放大的失真,比如将 I_{BQ} 设定为 0,那么当输入交流信号在负半周时,会使发射结反偏,使晶体管截止而不会有信号输出,也就无法对输入信号进行放大,造成输出信号失真。

求解静态工作点的方法有两种,即解析法和图解法。

1) 解析法求静态工作点

根据图 2-16 所示的直流通路可知,I_{BQ} 就是通过 R_B 的电流,同样根据直流通路,得

$$I_{BQ} = \frac{V_{CC} - U_{BE}}{R_B} \quad (2-8)$$

V_{CC} 和 R_B 是已知的，U_{BE} 是发射结两端的电压，和二极管正向导通时一样，在发射结正向导通时其两端的电压降 U_{BE} 也基本保持不变，可以看成一个固定的常数，通常硅管的 U_{BE} 取 0.7V，锗管的 U_{BE} 取 0.3V。

V_{CC}、R_B、U_{BE} 都为已知，由式(2-8)即可求出 I_{BQ}。可以看出，对于固定的 V_{CC}、R_B、U_{BE}，基极偏置电流 I_{BQ} 的值固定，所以，图 2-15 所示的电路也称为固定偏置共射极基本放大电路。

根据 I_C 与 I_B 之间的关系式 $I_C = \beta I_B$，I_{CQ} 和 I_{BQ} 之间的关系为

$$I_{CQ} = \beta I_{BQ} \quad (2-9)$$

即可求出 I_{CQ}。

根据输出回路的电压关系，得

$$U_{CE} = V_{CC} - I_C R_C$$

即

$$U_{CEQ} = V_{CC} - I_{CQ} R_C \quad (2-10)$$

即可求出 U_{CEQ}。

这样就求出了静态工作点 $Q(I_{BQ}、I_{CQ}、U_{CEQ})$。

例 2-1 如图 2-15 所示的电路，设晶体管为硅管，$V_{CC} = 12V$，$\beta = 50$，$R_C = 3k\Omega$，$R_B = 300 k\Omega$，求电路的静态工作点。

解：
$$I_{BQ} = \frac{V_{CC} - U_{BE}}{R_B} = \frac{12 - 0.7}{300 \times 10^3} = 0.04 \text{mA}$$

$$I_{CQ} = \beta I_{BQ} = 50 \times 0.04 = 2 \text{mA}$$

$$U_{CEQ} = V_{CC} - I_{CQ} R_C = 12 - 2 \times 3 = 6V$$

2）图解法确定静态工作点

除了使用解析法对 Q 点进行求解外，通过在晶体管的特性曲线上作图的方法也可以确定静态工作点。

观察图 2-16 所示的直流通路，其输出回路的电压方程为 $V_{CC} = U_{CE} + I_C R_C$，根据这个方程可以在输出特性曲线上画出对应的直线，这条直线反映了电路中的直流电压和直流电流与负载 R_C 的关系，称为直流负载线。

具体画法是令 $I_C = 0$，可得 $U_{CE} = V_{CC}$，得横轴上一点 $(V_{CC}, 0)$，设为 M；然后令 $U_{CE} = 0$，则得 $I_C = \dfrac{V_{CC}}{R_C}$，可得纵轴上一点 $\left(0, \dfrac{V_{CC}}{R_C}\right)$，设为 N，连接 N、M 两点成一条直线，即为直流负载线。

然后使用解析法求出 I_{BQ}，找到 $I_B = I_{BQ}$ 的一条输出特性曲线，由于 Q 点满足直

流负载线同时也满足输出特性曲线,故该输出特性曲线与直流负载线的交点即为 Q 点,如图 2-18 所示。确定 Q 点之后,找出 Q 点对应的横坐标(I_C)和纵坐标(U_{CE}),即为 I_{CQ} 和 U_{CEQ}。

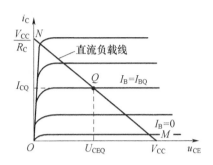

图 2-18 图解法求静态工作点

2.2.3 共发射极基本放大电路的动态分析

当有变化的信号输入到放大电路中时,这个信号会叠加在放大电路中原有的直流量上进行传输和放大,在分析时一般假定输入信号为很小的正弦交流信号。在这种情况下,放大电路中的各种电流和电压都处于不断变化的状态,对这种情况下的电路进行分析称为动态分析。

1. 交流通路

在进行动态分析时,对于具有一定频率的交流信号,电路中的电容可以视为短路,直流电源两端的电压值是固定不变的,对交流信号没有影响,也可以视为短路。这样,如图 2-15 所示的共射基本放大电路可以画成如图 2-19 所示的形式,交流信号流过的电路称为交流通路。

2. 交流负载线

在交流通路中增加了 R_L,与直流通路相比负载有了变化,其工作状态不再沿着直流负载线移动,分析交流信号时需要画交流负载线。

在 $u_s=0$ 的瞬间,可以将此时的电路状态看成静态,所以交流负载线也要经过直流负载线的静态工作点(Q 点)。同直流负载线相似,交流负载线的斜率与交流负载 R'_L 有关,根据交流通路的情况,可知 $R'_L=R_C//R_L$。确定了一点和斜率,就可以画出交流负载线。

具体画法是:先确定 Q 点,再作一条 $\dfrac{\Delta U}{\Delta I}=R'_L$ 的辅助线,过 Q 点作辅助线的平行线,即为交流负载线,通常 $R'_L<R_L$,所以交流负载线要比直流负载线陡,如图 2-20所示。

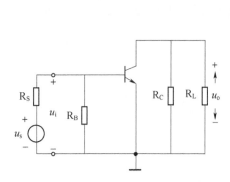

图 2-19 共射极基本放大电路的交流通路

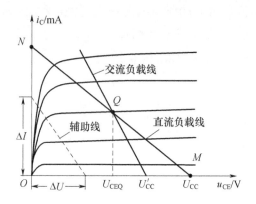

图 2-20 交流负载线的画法

3. 放大电路中的动态波形分析

在没有信号从放大电路的输入端输入时,即输入电压 $u_i=0$ 时,电路中的电压和电流都保持一个不变的值,即为直流量。输出端由于有 C_2,隔断了直流信号,所以输出电压 $u_o=0$。这时候放大电路中各电流、电压波形如图 2-21 所示。当有信号从输入端输入时,情况就会发生变化。在分析时,一般将输入电压 u_i 假定为一个幅值很小的正弦电压。当有信号输入时,输入电压 u_i 会叠加在 U_{BE} 上,这样 U_{BE} 的图形上就会叠加上 u_i 的波形,如图 2-22 中的(A)部分图形所示。U_{BE} 的变化会使 I_B 的值发生变化,使 I_B 的图形产生波动。利用表现 U_{BE} 和 I_B 关系的输入特性曲线表现 U_{BE} 和 I_B 之间的波形关系,如图 2-22 所示,包含动态信号的基极电流用 i_B 表示,其变化部分用 i_b 表示。

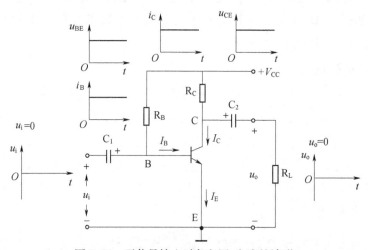

图 2-21 无信号输入时各电压、电流的波形

I_B 的变化会带来 I_C 的变化,包含了动态信号的 I_C 用 i_C 表示。利用输出特性曲线可以看出 i_B 和 i_C 的变化关系,如图 2-23 所示。i_C 与 i_B 的波形相位相同,但

是幅值不同,如图 2-23 所示,i_B 变化 $10\mu A$,会使 i_C 发生 1mA 的变化,电流被放大。i_C 的变化会带来集电极电阻 R_C 上的电压降 U_{R_C} 的变化,使集电极的电位发生改变,引起集-射极电压 u_{CE} 的变化,可以利用交流负载线来表示 i_C 和 u_{CE} 的波形关系,如图 2-24 所示。由于 u_{CE} 与 i_C 的关系满足公式 $u_{CE}=V_{CC}-i_C R_C$,所以 i_C 和 u_{CE} 波形相位是相反的。

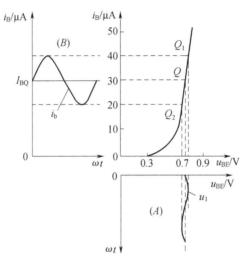

图 2-22 有信号输入时 u_{BE} 和 i_B 的波形关系

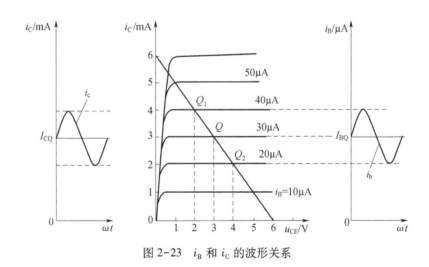

图 2-23 i_B 和 i_C 的波形关系

通过输出耦合电容,滤掉了 u_{CE} 中的直流量,将其变化量 u_{ce} 输出,即为输出电压 u_o。输入信号在放大电路中放大和传输的情况如图 2-25 所示。

将各波形放在一起进行比较,一方面可以更好地观察各电压、电流的相位和波形关系,另一方面可以知道输入交流信号的电压放大和输出的过程。如图 2-26 所示,i_b 表示 i_B 的变化量;i_c 表示 i_C 的变化量;u_{be} 表示 u_{BE} 的变化量,即为 u_i;u_{ce} 表

示 u_{CE} 的变化量,即为 u_o。

使用图示的方法对电路进行动态分析十分直观,但是也存在作图繁琐、无法精确定量分析的问题。对放大电路进行定量的分析,要使用微变等效电路。

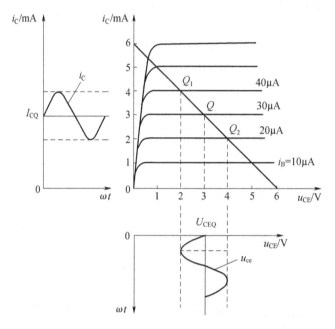

图 2-24 i_C 与 u_{CE} 的波形关系

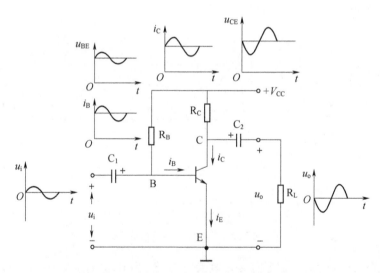

图 2-25 信号在电路中传输情况示意图

4. 微变等效电路

三极管是一种非线性的器件,但是如果输入信号变化幅度非常小时,三极管的各种电压和电流就只会在 Q 点附近做很小范围的变化。在这个范围内,晶体管

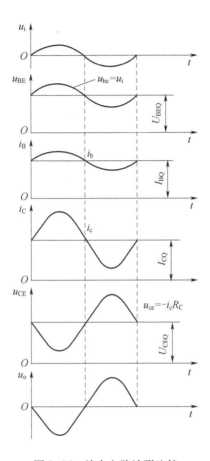

图 2-26 放大电路波形比较

的输入、输出特性曲线可近似视为一段直线,此时的晶体管可以视为线性元件,可以将此时的晶体管等效为由线性元件组成的一个电路,称为晶体三极管的微变等效模型。在对放大电路进行动态分析时,将电路中的三极管用线性的微变等效模型代替,可以将放大电路等效成线性电路,方便进行分析计算。

1) 三极管的微变等效模型

下面以共射极接法为例来介绍三极管的微变等效模型。

如图 2-22 所示,当放大电路处于静态时,$I_B=I_{BQ}$,对应曲线上的 Q 点。当有微小电压信号输入时,晶体三极管的输入电压改变,i_B 会沿着曲线在 Q 点附近做小范围($Q_1 \sim Q_2$)的移动。如果 Q 点设置恰当,在这个范围内的一段图线就可以看成是直线,与电阻的特性相似。所以,此时从晶体三极管的输入端看进去,三极管可等效为一个位于基极和发射极之间的电阻,称为三极管的动态输入电阻,用 r_{be} 表示。

r_{be} 的值的推导比较复杂,对于常温下的低频小功率管可以按照式(2-11)来估

算其 r_{be} 的值：

$$r_{be} = r_{bb'} + (1+\beta)\frac{26}{I_{EQ}}(\Omega)$$

$$= r_{bb'} + \frac{26}{I_{BQ}}(\Omega) \qquad (2-11)$$

式中：$r_{bb'}$ 为基区半导体本身的电阻值，是一个常数，常温下取 300Ω；I_{EQ} 和 I_{BQ} 的单位为 mA；r_{be} 的单位为 Ω，大小一般在几百欧到几千欧之间。

除了对 r_{be} 进行估算之外，也可以从晶体三极管手册查出其大小。

根据输出特性曲线，当三极管工作在放大区时，I_C 的变化只与 I_B 的变化有关，与 U_{CE} 没有关系；动态时情况也是一样，I_C 的变化量只与 I_B 的变化量 i_b 有关，这时从三极管的输出端看进去，三极管可等效为一个受 i_b 控制的电流源，其电流的大小为 $i_c = \beta i_b$。这样就得到三极管的微变等效模型，如图 2-27(b) 所示。

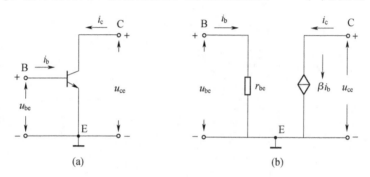

图 2-27 三极管微变等效模型
(a) 共射极接法的三极管；(b) 微变等效模型。

利用微变等效模型就可以按照线性电路的分析方法来对三极管放大电路进行分析。

以共射极基本放大电路为例，将如图 2-19 所示的交流通路中的三极管换成微变等效模型，电路就可画成如图 2-28 所示的形式，称为共射基本放大电路的微变等效电路。利用微变等效电路可以对放大电路进行动态分析。

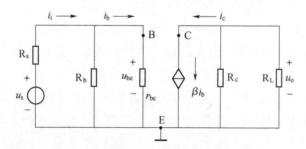

图 2-28 共射基本放大电路的微变等效电路

2) 共射极基本放大电路的主要动态参数

放大电路的动态参数有很多，主要有电压放大倍数 A_u、源电压放大倍数 A_{us}、输入电阻 r_i 和输出电阻 r_o。

(1) 电压放大倍数(中频)。电压放大倍数为输出电压与输入电压之比，用 A_u 表示，即

$$A_u = \frac{u_o}{u_i} \qquad (2-12)$$

由图 2-28 的输入回路和输出回路可以看出

$$u_i = i_b r_{be}$$
$$u_o = -\beta i_b R'_L$$

式中：$R'_L = R_C // R_L$。

因此，得

$$A_u = \frac{u_o}{u_i} = -\frac{\beta R'_L}{r_{be}} \qquad (2-13)$$

(2) 输入电阻和输出电阻。对于信号源，放大电路可以等效为负载；而对于负载，放大电路可以等效为一个输出电压的电压源。如果不考虑放大电路的内部元件组成，而将其看成一个整体，则放大电路可表示为一个两端输入、两端输出的四端网络，如图 2-29 所示。

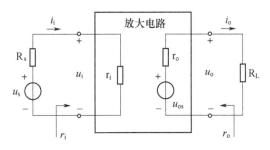

图 2-29 放大电路的四端网络示意图

如图 2-29 所示，从放大电路的信号输入端看进去，放大电路等效为一个电阻，用 r_i 表示，r_i 即为放大电路的输入电阻。

从放大电路的输出端看进去，放大电路等效为一个有内阻的电压源，电压源用 u_{os} 表示，内阻用 r_o 表示，r_o 即为放大电路的输出电阻。

① 输入电阻 r_i。由图 2-29 可以看出

$$r_i = \frac{u_i}{i_i} \qquad (2-14)$$

考虑信号源的内阻 R_s，得

$$u_i = u_s \frac{r_i}{r_i + R_S} \qquad (2-15)$$

$$i_i = \frac{u_s}{r_i + R_S}$$

由上式可知，输入电阻 r_i 越大，输入电压 u_i 就越大；r_i 越小，输入电流 i_i 就越大。输入电阻的大小反映了放大电路从信号源分得电压和电流的能力。输入电阻大，放大电路就可以得到较大的电压输入，适合电压放大。输入电阻小，放大电路就可以得到的较大的电流输入，适合电流放大。

结合式(2-14)，如图 2-28 所示的微变等效电路可知，对于共射基本放大电路有

$$r_i = R_B // r_{be} \qquad (2-16)$$

② 输出电阻 r_o。由图 2-29 可以看出，输出电压 u_o 即为负载 R_L 两端的电压降，即

$$u_o = u_{os} \frac{R_L}{r_o + R_L}$$

由上式可以看出，在 u_{os} 一定的情况下，r_o 越小，输出电压 u_o 即负载获得的电压就越大，同时 r_o 越小，负载 R_L 的变化对输出电压 u_o 的影响也越小，即放大电路带负载的能力就越强。所以 r_o 的大小反映了放大电路带负载的能力。

求 r_o 时，需要要将信号源 u_s 短路，同时断开负载，在输出端接上一个电压源 u_2，如图 2-30 所示。设此时流入放大电路输出端的电流为 i_2，由于 u_s 短路，u_i 为零，则 u_{os} 也为零。由图 2-30，得

$$r_o = \frac{u_2}{i_2}$$

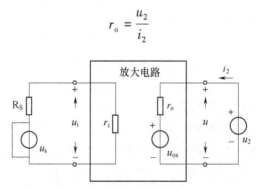

图 2-30 求放大电路的输出电阻

观察图 2-28 的微变等效电路可以知道，共射基本极放大电路的输出电阻

$$r_o = R_C \qquad (2-17)$$

(3) 源电压放大倍数。

源电压放大倍数为输出电压与信号源电压之比,用 A_{us} 表示,即

$$A_{us} = \frac{u_o}{u_s} \qquad (2-18)$$

由式(2-15)可知

$$u_s = u_i \frac{r_i + R_S}{r_i}$$

得

$$A_{us} = \frac{u_o}{u_s} = \frac{u_o}{u_i} \cdot \frac{r_i}{r_i + R_S}$$

即

$$A_{us} = A_u \frac{r_i}{r_i + R_S} \qquad (2-19)$$

例 2 - 2 如图 2-15 所示的共射基本放大电路,$V_{CC} = 12\text{V}$,$R_B = 300\text{k}\Omega$,$R_C = 3\text{k}\Omega$,$R_L = 3\text{k}\Omega$,$\beta = 50$,$R_S = 100\Omega$,试求放大电路的动态参数 A_u、A_{us}、r_i、r_o。

解:先求出 I_{BQ}:

$$I_{BQ} = \frac{V_{CC} - U_{BE}}{R_B} = \frac{12 - 0.7}{300 \times 10^3} = 0.04\text{mA}$$

再求 r_{be}:

$$r_{be} = 300 + (1+\beta)\frac{26}{I_{EQ}} = 300 + \frac{26}{I_{BQ}} = 300 + \frac{26}{0.04} = 950\Omega = 0.95\text{k}\Omega$$

求 A_u、A_{us}、r_i 和 r_o:

$$A_u = -\frac{\beta R'_L}{r_{be}} = -\frac{\beta \cdot R_C // R_L}{r_{be}} = -\frac{50 \times \frac{3 \times 3}{3+3}}{0.95} \approx -78.9$$

$$r_i = R_B // r_{be} \approx 0.95\text{k}\Omega$$

$$r_o = R_C = 3\text{k}\Omega$$

$$A_{us} = A_u \frac{r_i}{r_i + R_S} = -78.9 \times \frac{0.95}{0.95 + 0.1} \approx -71.4$$

5. 静态工作点与非线性失真

在使用放大电路时,总是希望电路对信号的放大越大越好,但前提就是在信号放大时不能失真,否则就失去了信号放大的意义。引起放大失真的原因有很多,其中非线性失真是比较常见的,它是由放大器件的非线性所引起的。静态工

作点(Q点)设置不当会带来放大波形的截止失真或饱和失真。

1) 饱和失真

对于 NPN 型三极管,当 Q 点设置过高时,会使 Q 点将过于靠近饱和区。在进行交流信号放大时,i_B 会随着输入电压的变化而变化,使放大电路的工作点沿着交流负载线移动,当输入电压处于正半周时,i_B 会增大,当 i_B 增大到一定值时,会使工作点移动到 Q' 点,三极管的工作状态会进入饱和区。根据三极管输出特性可知,在饱和区内 i_C 基本不受 i_B 的影响而保持一个固定值,管子失去了对 i_B 的放大作用,此时 i_C 的波形就会出现失真,对应的 u_{CE} 的波形也会出现失真,表现为其波形负半周的底部被削平,如图 2-31(a) 所示,对 PNP 型管则相反。由于该失真的出现是因为管子工作进入饱和区,故称为饱和失真。

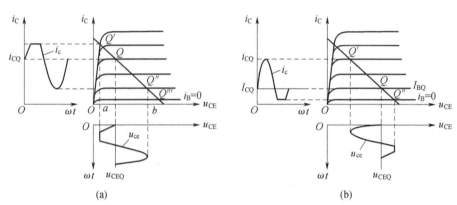

图 2-31 饱和失真和截止失真

(a) 饱和失真; (b) 截止失真。

2) 截止失真

对于 NPN 型三极管,当 Q 点设置过低时,会使 Q 点距截止区过近,如图 2-31(b) 所示。当叠加在 i_B 上的交流信号处于负半周时,i_B 会相应减小,当减小到一定值时,会使工作点移动到 Q'' 点,使三极管的工作状态进入截止区。在截止区内,管子会停止工作,此时的 i_C 值近似为零,这时 i_C 波形就会出现失真,对应的 u_{CE} 的波形也会出现失真,表现为其波形正半周的顶部被削平,对 PNP 型管则相反。由于该失真的出现是因为管子工作进入截止区,故称为截止失真。

3) Q 点的调整

在使用放大电路时,要将 Q 点调整至合适的位置,以尽可能减小失真。一般可以通过改变 R_B 和 R_C 的值来调整 Q 点的位置。

根据公式 $I_{BQ} = \dfrac{V_{CC} - U_{BE}}{R_B}$ 可知,R_B 改变时,会影响到 I_{BQ} 的值,同时根据直流负载线的电压方程 $u_{CE} = V_{CC} - i_C R_C$ 可知,R_B 对直流负载线没有影响。当 R_B 改变时,由

于 I_{BQ} 的改变,Q 点会沿着直流负载线移动,如图 2-32(a)所示。当 R_B 增大时,I_{BQ} 减小,Q 点会沿直流负载线下移;当 R_B 减小时,I_{BQ} 增大,Q 点会沿直流负载线上移。

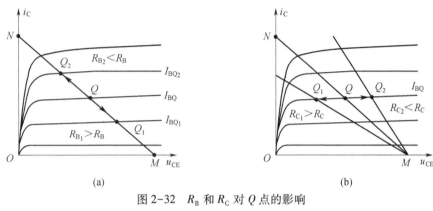

图 2-32 R_B 和 R_C 对 Q 点的影响

(a) R_B 改变时 Q 点的变化;(b) R_C 改变时 Q 点的变化。

当 R_C 改变时,会影响到直流负载线的 N 点,即 $(0, \frac{V_{CC}}{R_C})$ 点,而 M 点 $(V_{CC}, 0)$ 和 I_{BQ} 不会受到影响。当 R_C 改变时,N 点变化,使直流负载线的斜率发生改变,直流负载线与 $I_B = I_{BQ}$ 的曲线的交点会发生改变,即 Q 点发生移动,如图 2-32(b)所示。当 R_C 减小时,N 点上移,直流负载线斜率变大,Q 点沿 $I_B = I_{BQ}$ 的曲线右移;当 R_C 增大时,N 点下移,直流负载线斜率变小,Q 点沿 $I_B = I_{BQ}$ 的曲线左移。

需要注意的是,即使 Q 点位置合适,如果输入信号过大,同样可能使三极管的工作状态进入饱和区或截止区而发生失真,严重时会出现双向失真。

2.3 静态工作点的稳定及其偏置电路

2.3.1 温度对静态工作点的影响

在介绍输出特性曲线时已经提到,温度对晶体管特性会造成影响,当温度上升时,对于同样的 I_B,I_C 会增大,输出特性曲线会上移,如图 2-10 所示。如果在输出特性曲线上画出直流负载线的话,就可以发现,Q 点会随着温度的上升而沿着直流负载线向上移动,如图 2-33 所示,反之则变化相反。

固定偏置共射极基本放大电路的 Q 点随温度变化而变化的这种特性对其使用构成了限制,因为设置好的 Q 点会随着温度的上升或下降而向上或向下移动,这可能会使 Q 点变得过高或过低而造成输出波形的失真,这样的放大电路只有在温度恒定的环境下才能正常工作,对温度的适应性较差,其实用价值不大。

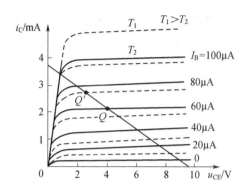

图 2-33 温度对 Q 点的影响

2.3.2 分压式偏置共射极放大电路

由于固定偏置共射极基本放大电路的静态工作点会随着温度的变化而变化，只有在温度恒定的环境下才能稳定工作，这样做的成本过高，没有实用性，在实际使用中通常是使用相应的偏置电路来使放大电路的 Q 点保持稳定。图 2-34 所示电路就是典型的静态工作点稳定的共射极放大电路，通常称为分压式偏置共射放大电路。

1. 工作原理

温度对放大电路的影响反映在电路中主要是输出电流 I_C 的变化，随着温度的升高或降低时 I_C 会相应的增大和减小。如图 2-33 可知，当温度变化时只要使 Q 点对应的 I_C 保持不变，那么 Q 点也就稳定了。

分压式偏置电路就是通过稳定 I_C 的值，来稳定静态工作点的。如图 2-34 所示的电路，R_{B1} 和 R_{B2} 构成了分压电路，用来稳定晶体管基极的电位。同时通过发射极电阻 R_E 将 I_C 的变化反馈到输入回路，使 I_B 发生相反方向的变化，从而达到抑制 I_C 变化、稳定 Q 点的目的。

下面介绍其具体的工作原理：

图 2-35 所示为分压式偏置共射放大电路的直流通路。

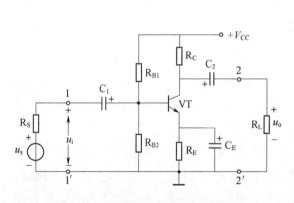

图 2-34 分压式偏置共射放大电路

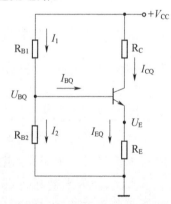

图 2-35 分压式偏置放大电路的直流通路

设通过 R_{B1} 的电流为 I_1，通过 R_{B2} 的电流为 I_2，根据直流通路中各点的电位可以知道各部分电流的方向。由图 2-35 所示的直流通路得

$$V_{CC} = I_1 R_{B1} + I_2 R_{B2}$$

而

$$I_1 = I_2 + I_{BQ}$$

即

$$V_{CC} = (I_2 + I_{BQ})R_{B1} + I_2 R_{B2} \qquad (2-20)$$

如果选择合适的 R_{B1} 和 R_{B2}，使 $I_2 \gg I_{BQ}$，则式(2-20)可写为

$$V_{CC} \approx I_2 R_{B1} + I_2 R_{B2}$$

$$I_2 = \frac{V_{CC}}{R_{B1} + R_{B2}}$$

$$U_B = I_2 R_{B2} = \frac{V_{CC} R_{B2}}{R_{B1} + R_{B2}} \qquad (2-21)$$

通过上面的公式可以看出，在图 2-35 所示的分压式偏置电路中，当 $I_2 \gg I_{BQ}$ 时，三极管的基极电位 U_B 只由 R_{B1}、R_{B2} 和 V_{CC} 决定，与电路中其他元件和参数无关，而 R_{B1}、R_{B2} 和 V_{CC} 的值是固定不变的，这样基极电位也就被固定了。

根据三极管的特性可知 $I_E \approx I_C$，I_E 的变化可以反映 I_C 的变化，当温度 T 上升时，I_C 会变大，I_E 也会变大，由于三极管的发射极电位 $U_E = R_E I_E$，所以 I_E 的变大会使 U_E 增大，而基极电位 U_B 是固定的，又已知基-射极电压 $U_{BE} = U_B - U_E$，故 U_E 的上升会使 U_{BE} 减小，相应的 I_B 也就随之减小，这样 I_C 也会减小。此时 I_C 的变化方向与温度对其造成的影响方向相反，从而抵消了温度对 I_C 的影响，达到了稳定静态工作点的目的。其基本过程可以表示为

$$T \uparrow \Rightarrow I_C \uparrow \Rightarrow I_E \uparrow \Rightarrow U_E \uparrow$$
$$\Downarrow$$
$$I_C \downarrow \Leftarrow I_B \downarrow \Leftarrow U_{BE} \downarrow$$

反之，当温度 T 降低时，其变化规律相反，请读者自行分析。

2. 静态分析

由图 2-35 所示的直流通路，根据之前的分析已经求出了 U_{BQ}，即

$$U_{BQ} = \frac{V_{CC} R_{B2}}{R_{B1} + R_{B2}} \quad (I_2 \gg I_{BQ}) \qquad (2-22)$$

得

$$I_{EQ} = \frac{U_{BQ} - U_{BE}}{R_E}$$

当满足条件 $U_{BQ} \gg U_{BE}$ 时，有

$$I_{EQ} = \frac{U_{BQ} - U_{BE}}{R_E} \approx \frac{U_{BQ}}{R_E} \qquad (2-23)$$

式(2-23)表明 I_E 与三极管无关，从而达到了稳定工作点的目的。

又根据三极管基极电流、集电极电流和发射极电流之间的关系，得

$$I_{CQ} \approx I_{EQ}$$

$$I_{BQ} = \frac{I_{EQ}}{1+\beta} \qquad (2-24)$$

$$U_{CEQ} \approx V_{CC} - I_{CQ}(R_C + R_E) \qquad (2-25)$$

即可确定静态工作点。

3. 动态分析

分压式偏置共射极放大电路的交流通路如图2-36(a)所示，其微变等效电路如图2-36(b)所示。

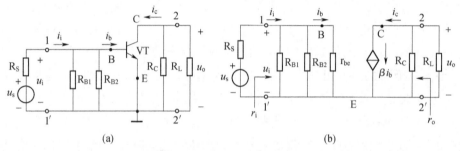

图 2-36 分压式偏置共射放大电路的交流通路和微变等效电路
(a) 交流通路；(b) 微变等效电路。

1) 电压放大倍数 A_u（中频）

根据微变等效电路，得

$$u_i = i_b r_{be}$$

$$u_o = -\beta i_b R'_L$$

式中：$R'_L = R_C // R_L$。

$$A_u = \frac{u_o}{u_i}$$

则

$$A_u = -\frac{\beta R'_L}{r_{be}} \qquad (2-26)$$

2) 输入电阻 r_i 和输出电阻 r_o

根据微变等效电路可知

$$r_i = R_{B1} // R_{B2} // r_{be} \quad (2-27)$$
$$r_o = R_C \quad (2-28)$$

2.4 共集电极放大电路

当放大电路的输入回路与输出回路的公共端为集电极时,就构成如图2-37所示的共集电极放大电路,常称为射极输出器或射极跟随器。

2.4.1 静态分析

共集电极放大电路的直流通路如图2-38所示,由直流通路的输入回路的电压关系,得

$$R_B I_{BQ} + U_{BEQ} + R_E I_{EQ} = V_{CC}$$

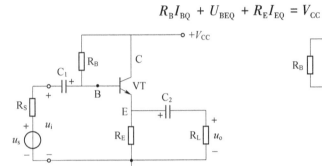

图 2-37 共集电极放大电路

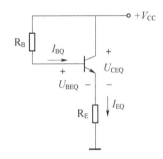

图 2-38 共集放大电路的直流通路

而
$$I_{EQ} = (1+\beta) I_{BQ}$$
则
$$I_{BQ} = \frac{V_{CC} - U_{BEQ}}{R_B + (1+\beta) R_E} \quad (2-29)$$

$$I_{CQ} = \beta I_{BQ} \quad (2-30)$$

$$U_{CEQ} = V_{CC} - R_E(1+\beta) I_{BQ} \quad (2-31)$$

2.4.2 动态分析

共集电极放大电路的交流通路如图2-39(a)所示,其微变等效电路如图2-39(b)所示。

下面分析其动态参数。

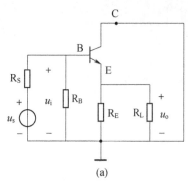
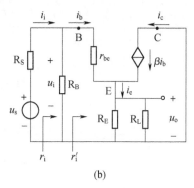

图 2-39 共集电极放大电路的交流通路及微变等效电路

(a) 交流通路；(b) 微变等效电路。

1. 电压放大倍数 A_u（中频）

由图 2-39(b) 所示的微变等效电路可知

$$u_i = r_{be}i_b + (1+\beta)i_b R'_L$$
$$u_o = (1+\beta)i_b R'_L$$

式中：$R'_L = R_L // R_E$。

则

$$A_u = \frac{u_o}{u_i} = \frac{(1+\beta)R'_L}{r_{be}+(1+\beta)R'_L} \qquad (2-32)$$

由于 $(1+\beta)R'_L \gg r_{be}$，所以，式(2-32)中的 r_{be} 一般可以忽略不计，即得 $A_u \approx 1$。

上式表明共集电极放大电路的输出电压 u_o 略小于输入电压 u_i，即基本相等，相位也相同，u_o 随 u_i 的变化而变化，具有电压跟随的作用，故将共集电极放大电路称为射极跟随器或射极输出器。

2. 输入电阻 r_i 和输出电阻 r_o

1) 输入电阻 r_i

由微变等效电路可知

$$r_i = R_B // r'_i$$

式中：r'_i 为基极(B)和接地之间的电阻，其意义如图 2-39(b)所示。

$$r'_i = \frac{u_i}{i_b}$$

而

$$u_i = r_{be}i_b + (1+\beta)i_b R'_L$$

故

$$r'_i = \frac{r_{be}i_b + (1+\beta)i_b R'_L}{i_b} = r_{be} + (1+\beta)R'_L$$

所以

$$r_i = R_B // [r_{be} + (1+\beta)R'_L] \qquad (2-33)$$

由此可知,共集电极放大电路的输入电阻很高,可达几千欧至几百千欧。

2) 输出电阻 r_o

在求输出电阻时,先要将微变等效电路中的信号源 u_s 短路(置零),去掉负载 R_L,在 R_L 的位置上放置一个电压源,设为 u_2,电路就变成了如图 2-40 所示的形式。

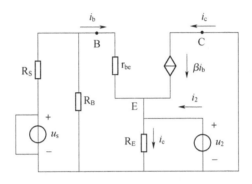

图 2-40　求共集电极放大电路输出电阻

设从电压源 u_2 流出的电流为 i_2,则有

$$r_o = \frac{u_2}{i_2}$$

根据图 2-40 所示的电路,可知

$$i_2 = i_e - i_b - \beta i_b = \frac{u_2}{R_E} + (1+\beta)\frac{u_2}{r_{be} + R_B//R_S}$$

即

$$r_o = \frac{u_2}{i_2} = \frac{1}{\dfrac{1}{R_E} + \dfrac{1+\beta}{r_{be}+R_B//R_S}} = R_E // \frac{r_{be}+R_B//R_S}{1+\beta}$$

由于信号源的内阻都很小,在近似分析时可以认为 $R_S = 0$,即得 $R_B//R_S = 0$,则

$$r_o = R_E // \frac{r_{be}}{1+\beta} \qquad (2-34)$$

由于

$$R_E \gg \frac{r_{be}}{1+\beta}$$

故

$$r_o \approx \frac{r_{be}}{1+\beta} \qquad (2-35)$$

由式(2-35)可以看出,共集电极放大电路的输出电阻非常小,故一般将其作为多级放大电路的最后一级,以提高放大电路带负载的能力。

2.5 共基极放大电路

共基极放大电路如图2-41所示,图中(a)、(b)是两种不同的画法,直流通路采用的都是分压式偏置电路,交流信号从发射极输入,从集电极输出,基极是交流信号的公共端。

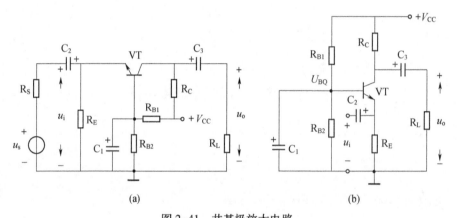

图2-41 共基极放大电路
(a) 习惯画法;(b) 常用画法。

2.5.1 静态分析

如图2-41(b)所示可以发现其直流通路与分压式偏置共射极放大电路完全相同,所以其静态分析的方法也完成一样,即

$$U_{BQ} = \frac{V_{CC} R_{B2}}{R_{B1} + R_{B2}} \qquad (2-36)$$

$$I_{EQ} = \frac{U_{BQ} - U_{BE}}{R_E}$$

$$I_{CQ} = \beta I_{BQ} \approx I_{EQ} \qquad (2-37)$$

$$I_{BQ} = \frac{I_{EQ}}{1+\beta} \tag{2-38}$$

$$U_{CEQ} \approx V_{CC} - I_{CQ}(R_C + R_E) \tag{2-39}$$

2.5.2 动态分析

共基极放大电路的交流通路及其微变等效电路如图 2-42 所示。

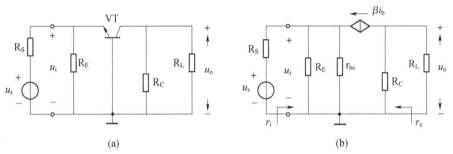

图 2-42 共基极放大电路的交流通路及微变等效电路
(a) 交流通路；(b) 微变等效电路。

下面分析其动态参数：

1. 电压放大倍数 A_u（中频）

由微变等效电路可知

$$u_i = -r_{be}i_b$$
$$u_o = -R'_L \beta i_b$$

则

$$A_u = \frac{u_o}{u_i} = \beta \frac{R'_L}{r_{be}} \tag{2-40}$$

式中：$R'_L = R_C // R_L$。

由上式可以看出共基极放大电路的电压放大倍数在大小上与共射极基本放大电路相同，不同的是前者输出电压与输入电压的相位是相同的，而后者则是相反的。

2. 输入电阻 r_i

由微变等效电路可知

$$i_b = -\frac{u_i}{r_{be}}$$

$$i_i = \frac{u_i}{R_E} - i_b - \beta i_b = \left(\frac{1}{R_E} + \frac{1+\beta}{r_{be}}\right)u_i$$

则

$$r_i = R_E // \frac{r_{be}}{1+\beta} \approx \frac{r_{be}}{1+\beta} \qquad (2-41)$$

由上式可知共基极放大电路的输入电阻 r_i 很小,一般为几欧至几十欧。

3. 输出电阻 r_o

与前面的求解方法一样,将信号源短路,在负载处加电源,即可求出

$$r_o = R_C \qquad (2-42)$$

2.5.3 三种基本放大电路的比较

共射极、共集电极、共基极三种放大电路,由于电路结构的不同,使它们具有如下不同的特点和用途:

(1) 共射极放大电路的电压放大倍数较大,输出电压与输入电压反相,输入电阻适中,输出电阻较大,常用作多级放大电路的中间级。

(2) 共集电极放大电路的电压放大倍数接近1,输入输出电压同相,输入电阻较大,输出电阻很小,常用作放大电路的输入级和输出级,也可用作中间级用来隔离前后级的相互影响。

(3) 共基极放大电路的电压放大倍数较大,输入输出电压同相,输入电阻很小,输出电阻较大,常用作高频、宽频带电路和恒流源电路。

将三种基本放大电路的电路结构和主要动态参数列表进行比较,如表2-1所列。

表2-1 三种基本放大电路的比较

	共射极(固定偏置)	共集电极	共基极
电路			
A_u	$-\frac{\beta R'_L}{r_{be}}$ ($R'_L = R_C // R_L$)	$\frac{(1+\beta)R'_L}{r_{be}+(1+\beta)R'_L} \approx 1$ ($R'_L = R_E // R_L$)	$\beta \frac{R'_L}{r_{be}}$ ($R'_L = R_C // R_L$)
r_i	$R_B // r_{be}$	$R_B // [r_{be}+(1+\beta)R'_L]$	$R_E // \frac{r_{be}}{1+\beta} \approx \frac{r_{be}}{1+\beta}$
r_o	R_C	$R_E // \frac{r_{be}}{1+\beta} \approx \frac{r_{be}}{1+\beta}$	R_C

本 章 小 结

（1）晶体三极管由三层杂质半导体构成，分为基区、集电区和发射区，各区特点均不相同；三极管有三个电极，即基极、集电极和发射极，其管型可分为 NPN 型和 PNP 型。

（2）晶体三极管对电流具有放大功能，电流放大系数用 β 表示，其正常放大时发射结正偏，集电结反偏。

（3）三极管输入特性曲线反映 U_{CE} 一定时 U_{BE} 和 I_B 之间的关系；输出特性曲线反映 I_B 一定时 I_C 与 U_{CE} 之间的关系，输出特性曲线为一簇曲线，输出特性曲线分为放大区、饱和区、截止区三个工作区，三极管放大时工作在放大区。

（4）为保证三极管能正常工作而设定的一些在使用中不能超过的极限值称为三极管的极限参数，主要有集电极最大电流、集电极最大功耗、极间反向击穿电压等。

（5）直流通路和交流通路反映了放大电路中直流信号和交流信号流通的通道。

（6）静态工作点（Q 点）是在没有交流信号输入时，放大电路中各电流电压的值。静态工作点可以通过解析法和作图法求出。静态工作点如果设置不合理可能会带来饱和或截止失真，可以通过改变电阻 R_B 或 R_C 的电阻值来调整静态工作点。

（7）在输入的交流信号很小时，晶体三极管可以等效为微变等效模型，相应的电路可以采用微变等效电路来进行分析和处理。

（8）分压式偏置共射极放大电路通过稳定 I_C 来稳定静态工作点，其电压放大倍数较大，输出电压与输入电压反相，输入电阻适中，输出电阻较大。

（9）共集电极放大电路的电压放大倍数近似等于 1，称为射极输出器，其输入输出电压同相，输入电阻大，输出电阻很小，带负载能力强。

（10）共基极放大电路的电压放大倍数较大，输入输出电压同相，输入电阻很小，输出电阻较大。

思考与练习题

一、填空题

1. 对于 NPN 型晶体管构成的共射极放大电路，如果输入电压为正弦电压，而输出电压波形的顶部被削平，则发生了_____（截止、饱和）失真；如果是 Q 点设置不合适引起的失真，那么是因为 Q 点设置_____（过高、过低）。

2. 共射极基本放大电路的输出电压与输入电压 _____（同相、反相）；对于共集电极基本放大电路，二者 _____（同相、反相）；对于共基极基本放大电路，二者 _____（同相、反相）。

3. 三极管的输出特性曲线分为 _____ 区、_____ 区和 _____ 区三个工作区，三极管放大时一般处于 _____ 区。

4. 三极管正常放大时，发射极电流主要是由发射结的 _____（多子、少子）形成。

二、选择题

1. 当温度升高时，晶体管的输入特效曲线会（　　）。
   A. 上移　　　　　　B. 下移　　　　　　C. 左移

2. 当温度升高时，晶体管的输出特性曲线的间隔会（　　）。
   A. 变大　　　　　　B. 变小　　　　　　C. 不变

3. 三种基本放大电路中，输出电阻最小的是（　　）放大电路。
   A. 共射极　　　　　B. 共集电极　　　　C. 共基极

4. 三种基本放大电路中，输入电阻最小的是（　　）放大电路。
   A. 共射极　　　　　B. 共集电极　　　　C. 共基极

5. 当负载增大时，共射极基本放大电路的放大倍数大小会（　　）。
   A. 增大　　　　　　B. 减小　　　　　　C. 不变

6. 要使晶体管实现放大功能，需要保证晶体管（　　）。
   A. 发射结正偏，集电结反偏　　　　　B. 发射结正偏，集电结正偏
   C. 发射结反偏，集电结反偏

三、分析与计算题

1. 已知晶体三极管的三个管脚的电流大小和方向如图 2-43 所示，试判断晶体管的类型（NPN、PNP），并标注三个电极（基极、发射极、集电极）。

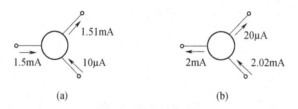

图 2-43　题 1 图

2. 已知硅管工作在放大状态时 U_{BE} 为 0.6~0.8V，锗管 U_{BE} 为 0.2~0.3V，现晶体管的三个管脚的电位分别如图 2-44 所示，试判断晶体管的类型（硅管、锗管）。

3. 放大电路如图 2-45(a)所示，已知 $V_{CC}=10V$，$R_C=2k\Omega$，$R_B=240\ k\Omega$，$R_L=2k\Omega$，三极管的输出特性曲线如图 2-45(b)所示。

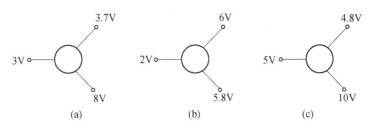

图 2-44 题 2 图

（1）试画出直流负载线，并确定 Q 点。
（2）画出交流负载线。
（3）当输入电压不断增大时，输出电压会首先出现何种失真（饱和、截止）？

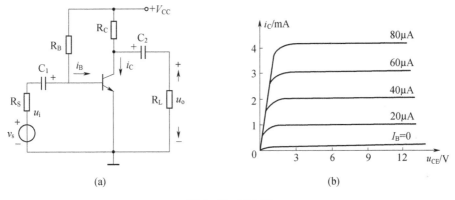

图 2-45 题 3 图

4. 判断如图 2-46 所示的电路能否对输入电压进行放大。

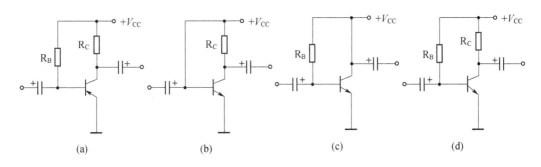

图 2-46 题 4 图

5. 分别画出如图 2-47 所示放大电路的直流通路和交流通路。

6. 如图 2-48 所示的共集电极放大电路，已知晶体管为硅管，$V_{CC}=12V$，$R_E=10k\Omega$，$R_L=3k\Omega$，$R_B=500k\Omega$，$\beta=50$。试求：

(1) 静态工作点。

(2) 放大电路的动态参数 A_u、r_i、r_o。

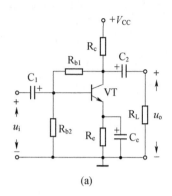

(a)

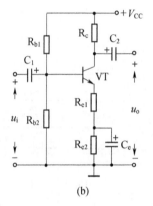

(b)

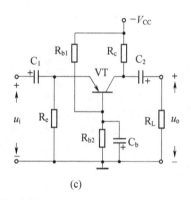

(c)

图 2-47 题 5 图

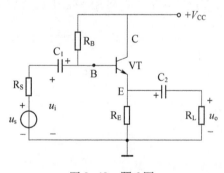

图 2-48 题 6 图

7. 如图 2-49 所示为分压式偏置共射极放大电路,已知管子为硅管,V_{CC} = 24V,R_C = 3.3kΩ,R_{B1} = 33kΩ,R_{B2} = 10kΩ,R_E = 1.5kΩ,R_L = 6kΩ,R_S = 500Ω,$β$ = 100。试求:

(1) 静态工作点。

（2）放大电路的动态参数 A_u、r_i、r_o、A_{us}。

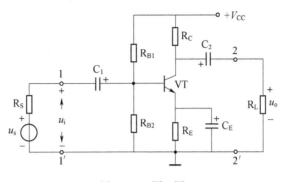

图 2-49　题 7 图

第3章　场效应管及其基本放大电路

【学习目标】
(1) 了解场效应管的分类、主要特点及使用时的注意事项。
(2) 理解结型场效应管和绝缘栅型场效应管的结构及工作原理。
(3) 掌握结型场效应管和绝缘栅型场效应管的电路符号、伏安特性和主要参数。
(4) 掌握共源极和共漏极基本放大电路的组成、工作原理及性能指标的分析与计算。

三极管是一种电流控制电流的半导体元件,工作时发射结正偏,需从信号源索取一定的电流,输入电阻较小,两种载流子同时参与导电,故它属于双极性半导体元件。而场效应管是一种电压控制电流的半导体元件,工作时不需要从信号源索取电流,输入电阻高达 $10^7 \sim 10^{15} \Omega$,同时参与导电的只有一种载流子(多数载流子),故称它为单极性半导体元件。

场效应管从结构上可分为结型(JFET)和绝缘栅型(MOSFET)两大类。其中,结型分为 N 沟道和 P 沟道两种,它只有耗尽型;绝缘栅型分为 N 沟道增强型、P 沟道增强型、N 沟道耗尽型和 P 沟道耗尽型四种。

3.1　结型场效应管

3.1.1　结型场效应管的结构

N 沟道结型场效应管的结构示意图如图 3-1(a)所示,它是在一块 N 型半导体的两侧通过一定的工艺制作出两个高掺杂的 P 型区,在图中用 P^+ 表示,这样内部形成了两个 PN 结。然后从 N 型半导体的两端引出两个电极,分别称为源极(S)和漏极(D),将两个高掺杂的 P 型区连接在一起,引出一个电极,称为栅极(G)。两个 PN 结中间的 N 型区称为导电沟道。由于导电沟道是由 N 型半导体构成的,故称为 N 沟道结型场效应管(简称 N 沟道场效应管)。N 沟道场效应管的电路符号如图 3-1(b)所示,符号中箭头的方向为两个 PN 结正偏时的电流方向。P

沟道结型场效应管的结构和电路符号与 N 沟道结型场效应管类似,如图 3-1(c)、(d)所示,注意其符号中箭头的方向与 N 沟道符号中箭头的方向相反。

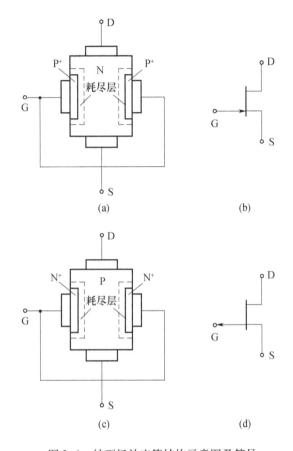

图 3-1　结型场效应管结构示意图及符号
(a) N 沟道结构示意图；(b) N 沟道符号；(c) P 沟道结构示意图；(d) P 沟道符号。

3.1.2　结型场效应管的工作原理和特性曲线

下面以 N 沟道结型场效应管为例分析其工作原理和特性曲线。

1. N 沟道结型场效应管的工作原理

N 沟道结型场效应管工作时,在 D、S 之间加上正向电压 u_{DS},则在源极和漏极之间形成电流 i_D。i_D 是 N 区的多数载流子运动形成的,所以 i_D 的大小除了与 u_{DS} 有关之外,还与 N 沟道的宽窄有关。在 G、S 之间加上反向电压 u_{GS} 后,两个 PN 结的耗尽层会变宽,使两个 PN 结之间的导电沟道宽度变窄；改变 u_{GS} 的大小,就会使导电沟道的宽度发生变化,其沟道电阻也随之而变,从而改变漏极电流 i_D。如果 u_{GS} 的大小增加,则沟道电阻增加,i_D 下降；反之,i_D 增大。因此,通过改变电压 u_{GS}

的大小,就可以控制漏极电流 i_D,这就是结型场效应管工作的核心。

1) u_{GS} 对导电沟道的影响

为讨论方便,先假设 $u_{DS}=0$ 时。如图 3-2 所示,$u_{DS}=0$,即漏极和源极保持短路。在栅源之间没有电压,即 $u_{GS}=0$ 时,两个 PN 结的耗尽层的宽度很窄,中间留有很宽的导电沟道,情况如图 3-2(a)所示。在栅-源之间加上反向电压 u_{GS},当|u_{GS}|逐渐增大时,两个 PN 结的耗尽层开始变宽,由于 N 区的掺杂浓度低,所以耗尽层宽度的增加主要发生在 N 区,这就使得导电沟道的宽度变窄,电阻增大,如图 3-2(b)所示。当|u_{GS}|继续增大时,两个 PN 结耗尽层的宽度也会继续增大,直到两个耗尽层相遇。这时导电沟道消失,被耗尽层完全夹断,如图 3-2(c)所示。此时的 u_{GS} 称为夹断电压,用 U_P 表示。

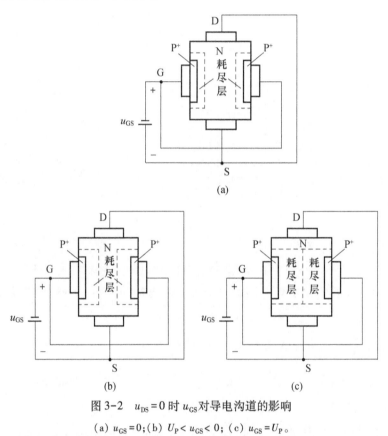

图 3-2 $u_{DS}=0$ 时 u_{GS} 对导电沟道的影响

(a) $u_{GS}=0$;(b) $U_P<u_{GS}<0$; (c) $u_{GS}=U_P$。

2) u_{DS} 和 u_{GS} 对 i_D 的影响

如图 3-3 所示,设 $U_P<u_{GS}<0$,在漏-源之间加上正向电压 u_{DS},则在导电沟道中会形成由 D 极流向 S 极的电流 i_D,由于导电沟道自身有电阻,所以沿着 i_D 的流向在导电沟道中会出现电压降。导电沟道各点对 G 极的电压沿着 D 极到 S 极的方向逐渐变小,使 PN 结耗尽层的宽度出现上下不等的情况,耗尽层最靠近 D 极的

地方最宽,最靠近 S 极的地方最窄,即耗尽层出现楔形,如图 3-3(a)所示,此时 u_{DS} 和 u_{GS} 的大小都对 i_D 有影响。

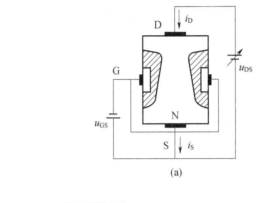

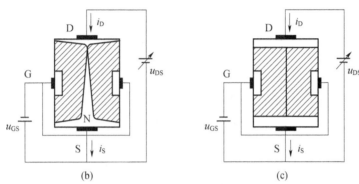

图 3-3　u_{DS} 和 u_{GS} 对 i_D 的影响

(a) $u_{GS}< 0, u_{DG}<|U_P|$；(b) $u_{GS}< 0, u_{DG}=|U_P|$；(c) $u_{GS}\leqslant U_P, u_{DG}>|U_P|$。

当 u_{DS} 逐渐增大时,耗尽层逐渐变宽,最靠近 D 极的耗尽层会首先相遇,如图 3-3(b)所示,这种情况称为预夹断。此时,$u_{DG}=|U_P|$,导电沟道开始出现夹断区。如果 u_{DS} 继续增大,则夹断区会向 S 极发展,夹断区变长,导电沟道的电阻开始变大。由于沟道电阻的增长率与 u_{DS} 的增加速率基本相同,故这一期间 i_D 几乎为一恒值不变,它不随 u_{DS} 的增大而增大。此时 i_D 的大小仅取决于 u_{GS} 的大小,只有在 u_{GS} 发生变化时,i_D 才会发生变化。

当 u_{DS} 增大使 $u_{GS}=U_P$ 时,导电沟道将被完全夹断,如图 3-3(c)所示,此时沟道电阻为无穷大,$i_D=0$。

2. 结型场效应管的特性曲线

1) 转移特性曲线

由于场效应管的输入电流 i_G 几乎为零,故不讨论输入特性。通常研究输入电压 u_{GS} 与输出电流 i_D 之间的关系,称为转移特性。转移特性反映了 u_{GS} 对 i_D 的控制能力。

在 u_{DS} 固定的情况下,描述 i_D 和 u_{GS} 之间关系的曲线称为转移特性曲线,用表达式表示为

$$i_D = f(u_{GS}) \mid u_{DS} = 常数 \qquad (3-1)$$

图3-4所示为 N 沟道 JFET 的转移特性曲线。当 $u_{GS} < U_P$ 时,沟道完全夹断,$i_D = 0$。随着 u_{GS} 的增大,沟道的夹断区逐渐变短,电阻变小,i_D 也随之增大。当 $u_{GS} = 0$ 时,i_D 达到最大值,此时的 i_D 称为饱和漏极电流,用 I_{DSS} 表示。当 u_{GS} 在 $0 \sim U_P$ 之间变化时,i_D 与 u_{GS} 的关系可用下面的公式近似表示:

$$i_D = I_{DSS}(1 - \frac{u_{GS}}{U_P})^2 \qquad (U_P \leq u_{GS} \leq 0) \qquad (3-2)$$

2) 输出特性曲线

在 u_{GS} 固定的情况下,描述 i_D 与 u_{DS} 之间关系的曲线称为输出特性曲线,其表达式如下:

$$i_D = f(u_{DS}) \mid u_{GS} = 常数 \qquad (3-3)$$

N 沟道结型场效应管的输出特性曲线如图 3-5 所示,每一个确定的 u_{GS} 都对应一条相应的曲线,故图 3-5 实际上是输出特性曲线族。

根据工作情况,输出特性曲线可划分为可变电阻区、恒流区、截止区和击穿区。

(1) 可变电阻区。图 3-5 所示预夹断区轨迹左侧部分为可变电阻区,在此区域导电沟道没有出现夹断,对于固定的 u_{GS},i_D 随着 u_{DS} 的增大而近于直线上升,其等效电阻相当于线性电阻。当 u_{GS} 越小,i_D 随着 u_{DS} 增长越慢,等效电阻越大,故这时场效应管 D、S 间相当于一个受电压 u_{GS} 控制的可变电阻,称为可变电阻区。

(2) 恒流区(放大区)。恒流区的特点是导电沟道开始出现夹断,这时的 i_D 基本上不随 u_{DS} 的变化而变化,仅取决于 u_{GS} 的大小,只有在 u_{GS} 变化时 i_D 才发生变化。此区的特性曲线近似为一组平行于横轴的平行线,故称为恒流区或饱和区。这样就可以利用电压 u_{GS} 来控制 i_D,实现放大功能。

(3) 截止区。当 $|u_{GS}| \geq |U_P|$ 时导电沟道完全夹断,i_D 几乎为零,场效应管处于截止状态。截止区在图 3-5 中为靠近横轴的部分(基本上与横轴重合)。

(4) 击穿区。击穿区位于特性曲线最右的部分,如图 3-5 所示,当 u_{DS} 增大到一定值时,反向偏置的 PN 结被雪崩击穿,i_D 急剧增大。u_{GS} 越小,击穿所需的 u_{DS} 就越小。一般地,击穿电压用 $u_{(BR)DS}$ 表示。

由上述分析可知,JFET 工作在放大区时,电流 i_D 的大小由电压 u_{GS} 决定,所以 JFET 为电压控制器件,JFET 工作时其栅-源之间的 PN 结反偏,所以输入电阻很大,一般达 $10^7 \Omega$ 以上。

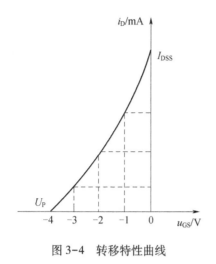
图 3-4 转移特性曲线

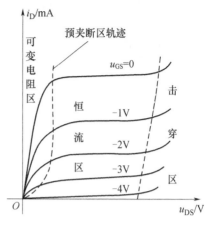
图 3-5 输出特性曲线

3.2 绝缘栅型场效应管

绝缘栅型场效应管一般由金属(M)、氧化物(O)和半导体(S)材料制成,故又称它为金属-氧化物-半导体场效应管,简称 MOS 场效应管。其输入电阻比 JFET 更高,可以达到 $10^{10}\Omega$ 以上。同时,MOS 场效应管的热稳定性和工艺性也要比 JFET 好。MOS 场效应管可以分为 N 沟道和 P 沟道,在 N 沟道和 P 沟道的 MOS 场效应管中又可以分为增强型和耗尽型。下面以 N 沟道为主来进行介绍。

3.2.1 N 沟道增强型 MOS 场效应管

1. 结构

N 沟道增强型 MOS 场效应管的结构示意图如图 3-6(a)所示。它是在一块掺杂浓度较低的 P 型半导体的衬底上制作出两个高掺杂的 N 型区,在图中用 N^+ 表示,在两个 N^+ 区上分别喷上一层金属铝并引出电极,分别为源极 S 和漏极 D。在两个 N^+ 区中间的 P 型半导体上制作出一层二氧化硅的绝缘层,绝缘层上喷上一层金属铝后,引出电极,即为栅极 G。由于绝缘层的阻隔,栅极和源极、漏极绝缘,所以也称绝缘栅极。源区和漏区之间被 P 型衬底隔开,形成两个反向连接的 PN 结。在衬底上引出一条引线作为衬底电极 B,该电极通常与源极 S 连接在一起使用。

图 3-6(b)、(c)所示为 N 沟道和 P 沟道两种增强型 MOS 管的图形符号。

2. 工作原理

MOS 场效应管的工作原理与结型场效应管有较大的不同,如图 3-7(a)所示,当栅、源电压 $u_{GS}=0$ 时,源、漏极之间是两个背靠背的 PN 结,没有供电流通过导电

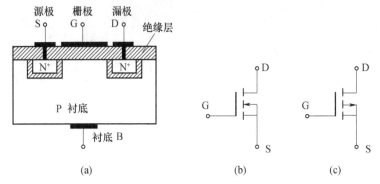

图 3-6 增强型 MOS 场效应管结构示意图
(a) NMOS 增强型结构示意图；(b) N 沟道增强型符号；(c) P 沟道增强型符号。

沟道,此时无论在源、漏极之间加怎样的电压,漏极电流 i_D 始终为零。

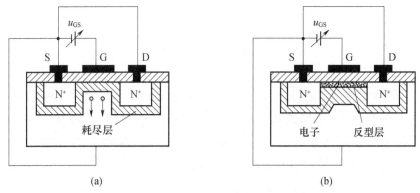

图 3-7 NMOS 增强型导电沟道形成示意图
(a) 耗尽层形成示意图；(b) 反型层形成示意图。

在 $u_{GS}>0$、$u_{DS}=0$ 时,由于有二氧化硅绝缘层的作用,在栅极和 P 型衬底之间形成了相当于以二氧化硅为介质的平行板电容器,在正的栅源电压作用下产生了一个垂直于半导体表面由栅极指向 P 型衬底的电场。这个电场排斥空穴而吸引电子,这样,在 P 型衬底靠近栅极的位置就形成了连接漏极 N^+ 区和源极 N^+ 区的 N 型薄层,称为反型层,如图 3-7(b) 所示。由于多数载流子为电子,这个 N 型层就成为了漏极和源极之间的导电沟道。导电沟道开始形成时的栅-源电压称为开启电压,用 U_T 表示。u_{GS} 越大,反型层就会越厚,导电沟道的电阻就越小,故这种场效应管称为增强型场效应管。

当 $u_{GS}>U_T$ 时,导电沟道形成。如果 u_{GS} 保持不变,在漏-源之间加正向电压 u_{DS},电子就会沿着导电沟道从源极移向漏极,形成漏极电流 i_D。电流通过导电沟道时会产生电压降,使沿着导电沟道出现电位的梯度变化,在导电沟道靠近漏极的地方电位较高,同栅极之间的电位差较小,产生的电场较弱,形成的 N 型层就较薄,靠近源极的地方情况则相反,电位低,电场强,N 型层较厚,如图 3-8 所示。这样,导电沟道就成了由窄变厚的状态。但是此时的沟道还没有出现夹断,此时的 i_D 同时受 u_{GS} 和 u_{DS} 的影响,当 u_{GS} 不变且 u_{DS} 较小时,i_D 随着 u_{DS} 的增大而增大;u_{DS} 相同时,u_{GS} 越大,则 i_D 越大。

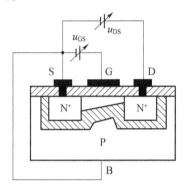

图 3-8　NMOS 增强型工作原理示意图

如果 u_{DS} 不断增大,导电沟道靠近漏极的位置会不断变窄,直到出现夹断点,称为预夹断,此时的栅-漏电压 $u_{GD}=U_T$,随着 u_{DS} 继续增大,$u_{GD}<U_T$,夹断区会不断延长,同 JFET 一样,在这个过程中 i_D 保持基本稳定,几乎不受 u_{DS} 的影响,其大小由 u_{GS} 决定。

3. 特性曲线

图 3-9(a)、(b)所示分别为 N 沟道增强型 MOS 场效应管的转移特性曲线和输出特性曲线。同 JFET 一样,MOS 管的输出特性曲线也分为四个区域:可变电阻区、恒流区、截止区和击穿区,在各个区域中管子的工作状态也和 JFET 相似。

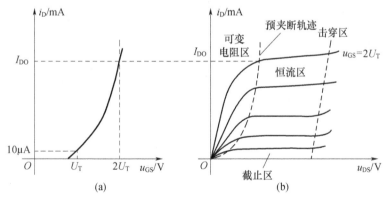

图 3-9　NMOS 增强型场效应管特性曲线
(a) 转移特性曲线;(b) 输出特性曲线。

MOS 管 i_D 与 u_{GS} 的关系可近似表示为

$$i_D = I_{DO}\left(\frac{u_{GS}}{U_T}-1\right)^2 \quad (u_{GS}>U_T) \qquad (3-4)$$

式中：I_{DO} 为 $u_{GS}=2U_T$ 时的 i_D 值，如图 3-9 所示。

3.2.2 N 沟道耗尽型 MOS 场效应管

图 3-10(a)、(b) 所示为耗尽型 NMOS 场效应管的结构示意图和电路符号。它的结构和增强型 NMOS 场效应管基本相同，主要区别是在制造这类管子时，已在二氧化硅绝缘层中掺入了大量的正离子，所以，即使 $u_{GS}=0$，在正离子的作用下，P 型衬底表层也会形成反型层，即在源极与漏极之间存在导电沟道。

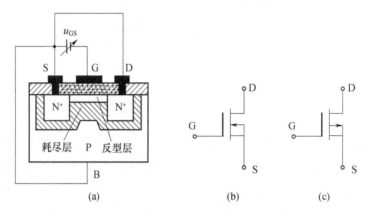

图 3-10 耗尽型 MOS 场效应管结构示意图
(a) NMOS 耗尽型结构示意图；(b) N 沟道耗尽型符号；(c) P 沟道耗尽型符号。

若 u_{DS} 不为零，当 u_{GS} 为正时，导电沟道变宽，沟道电阻减小，i_D 增大；反之，当 u_{GS} 为负时，导电沟道变窄，沟道电阻增大，i_D 减小。而当 u_{GS} 从零减小到一定值时，导电沟道将消失，$i_D=0$，此时的电压 u_{GS} 称为夹断电压，用 U_P 表示。与增强型 MOS 不同的是耗尽型 MOS 管在 $u_{GS}<0$、$u_{GS}>0$ 和 $u_{GS}=0$ 的情况下都可以工作，这是它的一个重要特点。

由上述分析可知，在 $u_{GS}=0$ 时这类管子的导电沟道已经形成；当 u_{GS} 由零逐渐减小到 U_P 时，导电沟道将逐渐变窄直至最后被夹断，故这类管子被称为"耗尽型"。

N 沟道耗尽型 MOS 场效应管的转移特性曲线和输出特性曲线如图 3-11 所示。

3.2.3 P 沟道 MOS 场效应管

从结构上讲，P 沟道 MOS 管与 N 沟道 MOS 管不同，它是以 N 型硅作为衬底，而漏极和源极从 P^+ 区引出，形成的反型层是 P 型，相应的导电沟道为 P 型导电沟道。对于耗尽型 PMOS 管，在二氧化硅绝缘层中掺入的是负离子。

在使用时，u_{GS}、u_{DS} 的极性与 NMOS 管相反，所需电源应相应反接。增强型

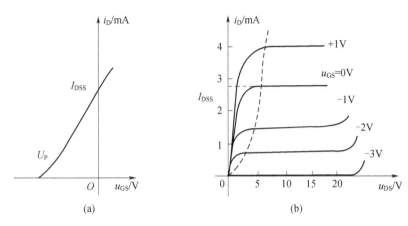

图 3-11 NMOS 耗尽型场效应管特性曲线

(a) 转移特性曲线；(b) 输出特性曲线。

PMOS 的开启电压 U_T 是负值，而耗尽型 PMOS 的夹断电压 U_P 为正值。

增强型 PMOS 管和耗尽型 PMOS 管的电路符号分别如图 3-6(c) 和图 3-10(c) 所示。

为便于对各类场效应管有一个全面的了解和比较，现将它们的符号、转移特性和输出特性列于表 3-1 中。

表 3-1 各类场效应管的符号和特性曲线

类型	符号与极性	转移特性曲线	输出特性曲线
N 沟道结型			
P 沟道结型			
N 沟道增强型 MOS			

(续)

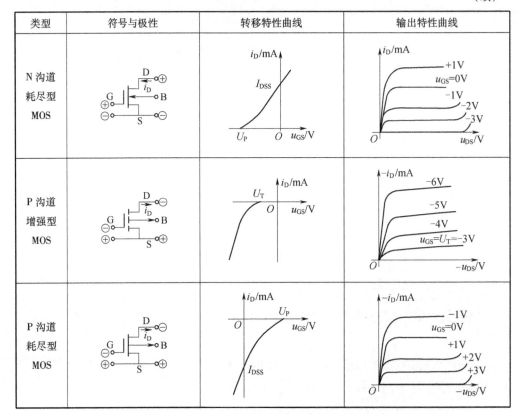

3.3 场效应管的主要参数及使用注意事项

3.3.1 场效应管的主要参数

1. 直流参数

1）夹断电压 U_P

U_P 是结型和耗尽型 MOS 场效应管的参数。当 u_{DS} 为某一定值时，使 i_D 为零（实际为规定的某一微小电流），栅源之间的电压 u_{GS} 就是夹断电压 U_P。

2）开启电压 U_T

U_T 是增强型场效应管的参数。当 u_{DS} 为某一定值时，能产生 i_D 所需要的最小的栅源电压 u_{GS}，此时反型层已形成。

3）饱和漏极电流 I_{DSS}

对于耗尽型场效应管，在 $u_{GS}=0$ 的条件下，管子预夹断时产生的漏极电流就为 I_{DSS}。

4）直流输入电阻 R_{GS}

它是栅源电压与栅极电流的比值，即 $R_{GS}=u_{GS}/i_G$。结型场效应管的 R_{GS} 一般大于 $10^7\Omega$，绝缘场效应管的 R_{GS} 一般大于 $10^9\Omega$。

2. 交流参数

1）低频跨导（互导）g_m

它是表征 u_{GS} 对 i_D 控制能力的参数，其定义：在 u_{DS} 为某一定值的条件下，i_D 的微小变化量与引起的 u_{GS} 微小变化量的比值，即

$$g_m = \frac{\Delta i_D}{\Delta u_{GS}} \bigg| u_{DS} = 常数 \quad (3-5)$$

式中：g_m 为低频跨导（西门子 s 或毫西 ms）；g_m 为转移特性曲线上某点切线的斜率，其大小与静态 i_D 的大小有关，可由转移特性方程求导得到；g_m 为衡量场效应管放大作用的重要参数，与三极管的 β 相对应，但 g_m 的值相对较小，一般为几毫西。

2）极间电容

场效应管三个电极之间均存在极间电容，栅源电容 C_{GS} 和栅漏电容 C_{GD} 均为 $1\sim 3pF$，漏、源电容 C_{DS} 为 $0.1\sim 1pF$。

3. 极限参数

1）最大漏极电流 I_{DM}

它是管子工作时允许通过的最大漏极电流。

2）最大耗散功率 P_{DM}

它是允许耗散在管子上的最大功率，其值等于 u_{DS} 和 i_D 的乘积，即 $P_{DM}=u_{DS}i_D$，其大小受管子最高工作温度的限制。

3）漏源击穿电压 $U_{(BR)DS}$

它是指发生雪崩击穿、i_D 开始急剧上升时，漏、源之间电压 u_{DS} 的值。

4）栅源击穿电压 $U_{(BR)GS}$

它是指输入 PN 结反向电流开始急剧增加时的 u_{GS} 值，当超过此值时，栅、源之间将发生击穿。

3.3.2 使用场效应管的注意事项

由于场效应管是一种利用电场效应来控制其电流大小的电压型控制器件，其输入电阻很高，特别是 MOS 场效应管其栅源极间电容又非常小，极易受外界电磁场或静电的感应而带电，而少量电荷就可在极间电容上形成相当高的电压，将管子击穿而损坏。故使用场效应管时应格外小心，应注意以下原则：

（1）使用时应注意不要超越各极限参数的限制。

（2）对于绝缘场效应管，由于其输入电阻很大，又极易感应电荷，感应电荷后

若无放电回路,很容易将绝缘层击穿而损坏,因此,任何情况下都要注意不要使MOS管的栅极悬空,工作时应使栅源之间绝对保持直流通路状态,存放时应将三个电极短路,以释放感应电荷。

(3)焊接场效应管时,电烙铁应良好接地,不能漏电,最好断电后利用余热焊接。

(4)对于结型场效应管,使用时应注意栅源电压u_{GS}的极性不能接反,应保证PN结反偏,否则,在较高的正偏电压下可能将PN结烧坏。

(5)有四个引脚的场效应管,其衬底(B)脚应良好接地;场效应管使用时应避开热源使用。

(6)MOS管的衬底和源极通常连接在一起,若需分开,则衬源间的电压要保证衬源间PN结为反向偏置,即对于NMOS管应$u_{BS}<0$,对于PMOS管应$u_{BS}>0$。

3.4 场效应管与三极管的比较

与三极管相比较场效应管具有以下主要特点:

(1)场效应管与三极管一样具有电流放大作用,但它的电流放大能力受电压控制,即输出电流i_D受输入电压u_{GS}的控制,它是一种电压控制电流的器件;而三极管是一种电流i_B控制电流i_C的半导体器件。

(2)对于场效应管,参与导电的只有导电沟道中的多数载流子,为单极性器件;而对于三极管,参与导电的既有多数载流子又有少数载流子,为双极型器件。因此,场效应管受温度、辐射等因素的影响小,在环境条件变化比较大的场合,应选用场效应管为好。

(3)场效应管工作时输入电阻很高,栅极几乎不索取电流;而三极管工作时发射结正偏,基极需吸取电流,故场效应管与三极管相比,功耗要小。

(4)三极管具有放大能力,它对三个区域即发射区、基区、集电区掺杂制作工艺要求较高;而场效应管相比之下制作工艺要简单得多,有利于大规模集成,特别是MOS管集成度可做得更高,每个MOS管占用芯片的面积只有三极管的5%。

(5)由于三极管制作时,三个区域要求不同,发射极与集电极不能互换,而场效应管的结构对称,有时漏极与源极互换使用,其各项指标基本上不受影响,因此,在使用时更方便、灵活。除非MOS管出厂时已将源极与衬底相连,否则源极与漏极可以互换。

(6)由于场效应管的跨导较小,当组成放大电路时,在相同负载电阻的条件下,电压放大倍数比三极管放大电路要低。

(7)场效应管与三极管相比具有噪声小、热稳定性好以及抗干扰能力强等优点。

(8)场效应管除了用作放大或开关元件外,还可以作为压控电阻使用。

3.5 场效应管放大电路

场效应管具有放大作用,它的三个电极与三极管的三个电极存在着对应关系,即栅极 G 对应基极 B、源极 S 对应发射极 E、漏极 D 对应集电极 C。与晶体三极管基本放大电路相对应,场效应管基本放大电路也有三种基本组态,即共源极、共栅极、共漏极基本放大电路;放大电路工作时也要设置合理、稳定的静态工作点,电路的分析方法也采用图解法和微变等效电路分析法。本节以共源极基本放大电路为例分析其电路组成、工作原理和静、动态指标。

3.5.1 共源极基本放大电路

1. 分压式偏置电路

1)电路组成

图 3-12 所示为场效应管共源极基本放大电路。由图可见,该电路与三极管分压式偏置放大电路基本相似,称为分压式偏置电路。这是场效应管放大电路的典型电路。电路中各元器件的作用与三极管分压式偏置放大电路中对应的元器件基本相同。其中 NMOS 管为放大器件,是放大电路的核心;V_{DD} 为漏极直流供电电源,为整个放大电路提供能源;R_1、R_2 为栅极分压电阻,R_G 是为提高输入电阻而加的大电阻,R_D 为漏极负载电阻;R_{ss} 为源极电阻,也叫自偏压电阻,同时利用它的负反馈作用来稳定静态工作点;C_S 为源极旁路电容。

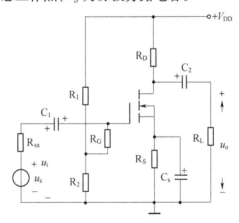

图 3-12 分压式偏置电路图

由于场效应管是电压控制器件,故电路工作点的设置关键是给栅源间建立一个合适的直流偏置电压 U_{GS}。该电路是利用 R_1、R_2 的分压和 R_S 的自偏压作用共同建立的 U_{GS}。由于场效应管的栅极不吸收电流,R_G 中没有电流通过,因此,栅极

与源极之间的偏压 $U_{GS}=\dfrac{V_{DD}R_2}{R_1+R_2}-I_D R_S$。由于 U_{GS} 可正可负,所以,这种偏置电路既适用于耗尽型场效应管,也使用于增强型场效应管。

2) 静态分析

与三极管基本放大电路一样,场效应管基本放大电路的静态分析可采用近似估算法和图解法进行。其中,近似估算法可根据图 3-13 所示直流电路求得。

$$U_{GS} = \dfrac{V_{DD}R_2}{R_1+R_2} - I_D R_S \qquad (3-6)$$

$$I_D = I_{DSS}(1-\dfrac{U_{GS}}{U_P})^2 \quad (耗尽型) \qquad (3-7)$$

或

$$I_D = I_{DO}(\dfrac{U_{GS}}{U_T}-1)^2 \quad (增强型) \qquad (3-8)$$

$$U_{DS} = V_{DD} - I_D(R_D + R_S) \qquad (3-9)$$

关于图解法分析 Q 点,请读者参照三极管基本放大电路的图解法进行分析。

3) 场效应管微变等效电路

为了分析问题的方便,当三极管工作在交流小信号放大状态时可以把它等效为一个线性电路,同样场效应管亦可用一线性电路来等效。由于场效应管工作时栅极无电流,故栅、源之间的输入电阻 r_{gs} 的值极大,可把栅、源极视为开路,漏极电流 i_d 在线性放大区时与输入电压 u_{gs} 成正比,根据前面的分析可知 $i_d = g_m u_{gs}$,因此,漏源之间可用一个受输入电压 u_{gs} 控制的受控电流源 $g_m u_{gs}$ 来等效。如图 3-14 所示为场效应管微变等效电路图。

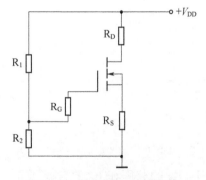

图 3-13 分压式偏置直流通路

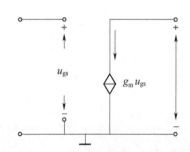

图 3-14 场效应管微变等效电路图

4) 分压式偏置放大电路的动态分析

在低频小信号情况下,场效应管放大电路的动态分析与晶体管放大电路的分析方法相同,亦用微变等效电路法进行。

利用场效应管小信号等效电路,可以画出图3-12所示放大电路的微变等效电路,如图3-15(a)所示,由该等效电路可求出场效应管放大电路的动态指标。

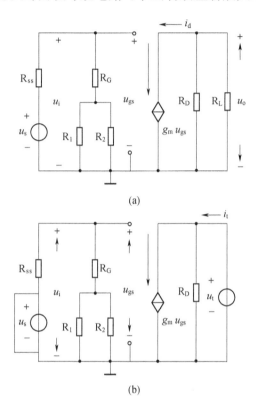

图 3-15 图 3-12 的等效电路图

(a) 微变等效电路图;(b) 输出电阻加压测试等效电路图。

(1) 中频电压放大倍数 A_u。中频电压放大倍数为

$$A_u = \frac{U_o}{U_i} = \frac{-i_d R'_L}{u_{gs}} = -\frac{g_m u_{gs} R'_L}{u_{gs}} = -g_m R'_L \qquad (3-10)$$

式中:$R'_L = R_D // R_L$;负号表示输出电压与输入电压反相。

(2) 输入电阻 r_i。输入电阻为

$$r_i = \frac{U_i}{I_i} = R_G + R_1 // R_2 \qquad (3-11)$$

式中:R_1 和 R_2 主要用来确定静态工作点,其值并不大,故输入电阻主要由 R_G 确定。一般 R_G 阻值都较高,常为几百千欧至几兆欧,甚至几十兆欧。

(3) 输出电阻 r_o。令 $u_s=0$，断开 R_L 并在输出端加一测试电压 u_t，如图 3-15 (b)所示。

$$r_o = \frac{U_t}{I_t} \approx R_D \qquad (3-12)$$

例 3-1 共源放大电路如图 3-12 所示，已知场效应管为耗尽型 NMOS 管，其中 $R_1=50\text{k}\Omega$, $R_2=150\text{k}\Omega$, $R_G=1\text{M}\Omega$, $R_D=R_S=10\text{k}\Omega$, $R_L=10\text{k}\Omega$, $C_s=100\mu\text{F}$, $V_{DD}=20\text{V}$, $U_P=-5\text{V}$, $I_{DSS}=1\text{mA}$。试求该电路的静态工作点和 A_u、r_i 和 r_o。

解：求静态工作点。

由式(3-6)和式(3-7)，得

$$U_{GS} = \frac{V_{DD}R_2}{R_1+R_2} - I_D R_S = \frac{50}{50+150} \times 20 - 10 I_D$$

$$I_D = I_{DSS}(1-\frac{U_{GS}}{U_P})^2 = 1 \times (1+\frac{U_{GS}}{5})^2$$

即

$$U_{GS} = 5 - 10 I_D$$

$$I_D = (1+\frac{U_{GS}}{5})^2$$

解得

$$I_D = 0.61\text{mA}$$

$$U_{GS} = -1.1\text{V}$$

由式(3-9)，得

$$U_{DS} = V_{DD} - I_D(R_D+R_S) = 20 - 0.61 \times (10+10) = 7.8\text{V}$$

求 A_u、r_i 和 r_o。

由式(3-5)，得

$$g_m = -\frac{2I_{DSS}}{U_P}(1-\frac{U_{GS}}{U_P})$$

$$= \frac{2 \times 1}{5} \times (1-\frac{1.1}{5}) = 0.312\text{ms}$$

由式(3-10)式(3-12)，得

$$A_u = -g_m R'_L = -0.312 \times \frac{10 \times 10}{10+10} = -1.56$$

$$r_i = R_G + R_1 // R_2 = \left(1000 + \frac{50 \times 150}{50+150}\right)\text{k}\Omega$$

$$= 1037.5\text{k}\Omega \approx 1.04\text{M}\Omega$$

$$r_o \approx R_D = 10\text{k}\Omega$$

2. 自偏压电路

1) 电路组成

图 3-16 所示为自偏压电路图,该电路是利用漏极电流 I_D 在源极电阻 R_S 上产生的压降,通过 R_G 加至栅极以获取所需要的偏置电压 $U_{GS}=-I_D R_S$,故这种偏置方式称为自给偏压。这种自给偏压电路只能产生反向偏压,而增强型场效应管的栅源电压只有达到开启电压(对于 N 沟道增强型场效应管开启电压必须大于零)后才能产生漏极电流,故这种偏置电路只适用于耗尽型场效应管。

2) 静态分析

由图 3-17 自偏压直流通路,得

$$U_{GS} = -I_D R_S \quad (3-13)$$

$$I_D = I_{DSS}(1 - \frac{U_{GS}}{U_P})^2 \quad (3-14)$$

$$U_{DS} = V_{DD} - I_D(R_D + R_S) \quad (3-15)$$

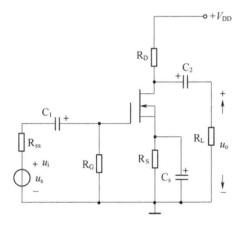

图 3-16 自偏压电路

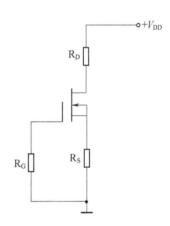

图 3-17 自偏压直流通路

3) 动态分析

自偏压电路的动态分析与分压式偏置放大电路类似。

(1) 中频电压放大倍数 A_u。

$$A_u = \frac{U_o}{U_i} = -g_m R'_L \quad (3-16)$$

式中:$R'_L = R_D // R_L$;负号表示输出电压与输入电压反相。

(2) 输入电阻 r_i。

$$r_i = \frac{U_i}{I_i} = R_G \quad (3-17)$$

(3) 输出电阻 r_o。

$$r_o = R_D \quad (3-18)$$

3.5.2 共漏极基本放大电路

图 3-18 所示的电路中,信号从栅漏极输入,从源漏极输出,漏极为输入、输出回路的公共端,故该电路为共漏电路,又称源极输出器。

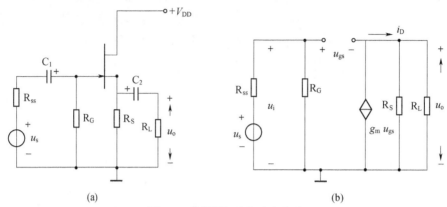

图 3-18 共漏极基本放大电路
(a) 原理电路图;(b) 微变等效电路图。

1. 静态工作点

$$U_{GS} = -I_D R_S \tag{3-19}$$

$$I_D = I_{DSS}\left(1 - \frac{U_{GS}}{U_P}\right)^2 \tag{3-20}$$

$$U_{DS} = V_{DD} - I_D R_S \tag{3-21}$$

2. 动态参数

(1) 中频电压放大倍数 A_u。由图 3-18(b),得

$$U_o = g_m U_{gs}(R_S // R_L)$$
$$U_i = U_{gs} + U_o = U_{gs}[1 + g_m(R_S // R_L)]$$

可得

$$A_u = \frac{U_o}{U_i} = \frac{g_m(R_S // R_L)}{1 + g_m(R_S // R_L)} \tag{3-22}$$

由上式可知 A_u 为正,表示输出电压与输入电压同相,且当 $g_m(R_S // R_L) \gg 1$ 时,$A_u \approx 1$。

(2) 输入电阻 r_i。

$$r_i = R_G \tag{3-23}$$

(3) 输出电阻 r_o。与式(3-12)的求法类似,得

$$r_o = \frac{1}{g_m} // R_S \tag{3-24}$$

由上式可知,共漏极放大电路的放大倍数较小,近似等于1,其输出电阻很小,与三极管共集电极放大电路的性质类似,但共漏极放大电路的输入电阻比晶体管射极输出器的输入电阻大得多。

本 章 小 结

(1) 场效应管是利用半导体中多数载流子导电进行工作的单极性器件,其主要特点是具有电流放大作用,但与双极性晶体管不同,它是利用电场效应来控制多数载流子漂移运动的电压控制器件。

(2) 场效应管分结型和绝缘栅型两大类型,每一种类型又有N沟道和P沟道之分,结型场效应管只有耗尽型,而绝缘栅场效应管包括耗尽型和增强型两种。尽管二者因结构上的差别,使其控制漏极电流的机理不尽相同,但它们都是利用栅偏压的变化来控制导电沟道的宽窄,以便改变导电沟道电阻的大小,从而达到控制漏极电流的目的。

(3) 场效应管的伏安特性有转移特性和输出特性,其中输出特性可划分为可变电阻区、恒流区、截止区和击穿区。场效应管用作放大时应工作在恒流区。

(4) 场效应管基本放大电路有共源极、共漏极和共栅极三种基本组态,正常工作时都必须设置合适的静态工作点,其电路的静、动态分析方法与晶体三极管基本放大电路基本相同。

(5) 场效应管与晶体三极管相比有很多优越的性能,主要表现在其输入电阻高、功耗小、噪声小、受辐射影响小、热稳定性好、抗干扰能力强,另外,它制作工艺简单,有利于大规模集成,特别是MOS管集成度可做得更高。

思考与练习题

一、填空题

1. 场效应管又称单极性管,因为_____;半导体三极管又称双极性管,因为_____。

2. 半导体三极管是通过基极电流控制输出电流,所以属于_____控制器件,其输入电阻_____;场效应管是通过控制栅极电压,来控制输出电流,所以属于_____控制器件,其输入电阻_____。

3. 绝缘栅型场效应管是通过改变_____的大小来改变_____的大小,从而达到控制_____的目的;根据_____时,有无_____的差别,MOS管可分为_____型和_____型两种类型。

4. MOS 管最大的优点是_____,其栅-源电压的极性_____,漏-源电压的极性_____。对于增强型 NMOS 管,这两种电压的极性_____;对增强型 PMOS 管,这两种电压的极性_____。

5. 增强型场效应管在恒流区的转移特性方程为_____;它们反映了_____对_____控制特性。

二、选择题

1. 在放大的条件下,晶体三极管的输入电阻比场效应管的输入电阻_____。
   A. 大得多　　　　　　　　B. 差不多
   C. 小得多　　　　　　　　D. 相等

2. 晶体三极管放大时集电极电流_____;而场效应管的漏极电流_____。
   A. 穿过一个 PN 结　　　　B. 穿过两个 PN 结
   C. 不穿过 PN 结

3. 放大电路中的晶体管应工作在_____;而场效应管应工作在_____。
   A. 击穿区　　　　　　　　B. 截止区
   C. 可变电阻区　　　　　　D. 放大区

三、简答题

1. 场效应管可分为哪几类?
2. 试简述 P 沟道结型场效应管和 P 沟道增强型 MOS 管的工作原理。
3. N 沟道增强型与耗尽型 MOS 管有何不同?
4. 现有一只结型场效应管和一只晶体三极管,能否用万用表将它们区分开来?
5. 与三极管相比场效应管有哪些优点?

四、分析与计算题

1. 图 3-19 所示为 MOS 管的转移特性曲线,请分别说明它们属于 N 沟道还是 P 沟道? 是增强型还是耗尽型? 若是增强型,它的开启电压 U_T 等于多少? 若是耗尽型,那么它的夹断电压 U_P 等于多少?(图中以流进漏极电流方向为正方向)

2. 结型场效应管放大电路如图 3-20 所示,设 $I_{DSS}=1\text{mA}$,$U_P=-2\text{V}$,$r_d \gg R_D$。试求静态工作点、中频电压放大倍数 A_u、输入电阻 r_i 及输出电阻 r_o。

3. 如图 3-21 所示,已知场效应管工作点上 $g_m=1\text{ms}$,设 $r_d \gg R_D$。
   (1) 试画出该电路的微变等效电路。
   (2) 求中频电压放大倍数 A_u。
   (3) 求输入电阻 r_i 及输出电阻 r_o。

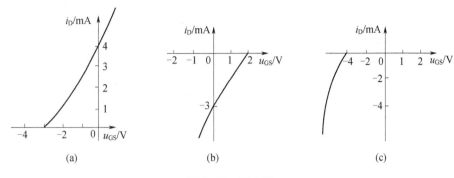

图 3-19 题 1 图

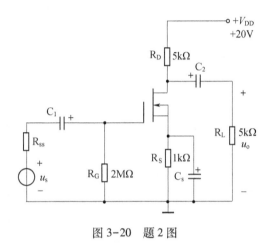

图 3-20 题 2 图

4. 如图 3-22 所示,已知源极电阻 $R_S = 5\text{k}\Omega$,$R_G = 10\text{M}\Omega$,$R_L = 5\text{k}\Omega$,$V_{DD} = 15\text{V}$,$g_m = 5\text{ms}$,试求中频电压放大倍数 A_u、输入电阻 r_i 和输出电阻 r_o。

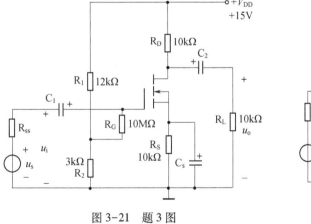

图 3-21 题 3 图

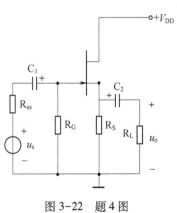

图 3-22 题 4 图

第4章　多级放大电路

【学习目标】
(1) 了解多级放大电路的组成结构。
(2) 掌握多级放大电路的几种级间耦合方式及其特点。
(3) 掌握多级放大电路参数的计算方法。
(4) 了解上、下限截止频率的定义及通频带的含义。
(5) 了解放大器增益与带宽的关系。

通过学习第2章、第3章基本放大电路的相关知识,已经了解到基本放大电路的放大倍数十分有限,一般只能达到几十至几百。在工程实际中需要放大的电信号往往十分微弱,如声音、心跳、温度变化等通过传感器处理之后的电信号都是很微弱的,需要放大数千倍乃至上万倍才能推动负载工作。因此,仅通过单级放大电路放大此类信号是不能达到实际要求的,必须通过多个单级放大电路连续多次放大之后才能满足实际要求。多个单级放大电路在级联时一般采用直接耦合、阻容耦合和变压器耦合等方式。放大器对不同频率信号的增益有所不同,将增益随频率变化的规律称为幅频特性。另外,放大电路对信号存在相位移动(简称相移),即输入信号和输出信号存在相位差,并且相移是随频率而变化的,将相移与随频率的变化规律称为相频特性。

4.1　多级放大电路的组成与耦合方式

4.1.1　多级放大电路的组成

多级放大电路一般由输入级、中间级和输出级组成,可由如图4-1所示的框图来表示。其中,输入级和中间级主要对电压进行放大,这两级电路具有较高的电压放大倍数,为了从信号源获取较高的电压,输入级要求具有较高的输入电阻。另外,为降低多级放大电路的噪声,输入级要求有较低的噪声。输出级电路的主要作用是功率放大,以推动负载工作。该级电路要求具备足够的输出功率和较低的输出电阻,以便具有较强的带负载能力。

图 4-1 多级放大电路的结构框图

4.1.2 多级放大电路的耦合方式

多级放大电路一般是由两级或两级以上的单级放大电路连接而成的,在多级放大电路中,我们将级与级之间的连接方式称为耦合方式。级与级之间耦合时,必须满足如下条件:

(1) 各级电路在耦合以后仍具有合适的静态工作点。

(2) 信号在级与级之间能顺利传输。

(3) 耦合之后,整个放大电路的性能指标必须满足实际要求。

常用的耦合方式有直接耦合、阻容耦合和变压器耦合。下面逐一介绍各种耦合方式的形式和特点。

1. 直接耦合

将前一级电路的输出与后级电路的输入直接用导线连接起来的耦合方式称为直接耦合,其电路如图 4-2 所示。

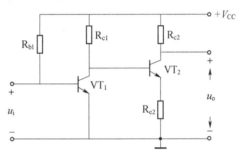

图 4-2 直接耦合放大电路

直接耦合具有如下特点:

(1) 直接耦合电路的优点是既可以放大交流信号,也可以放大直流和变化缓慢的信号;电路较简单,便于集成,此类耦合方式常用于集成电路中。

(2) 直接耦合电路的缺点是各级静态工作点不独立而相互牵制,前级电路的零点漂移将在后续电路中得以放大而造成噪声。因此,一般集成放大电路输入级均采用抑制零点漂移能力强的差分放大电路。

2. 阻容耦合

将前级电路的输出与后级电路的输入用电容器连接的耦合方式称为阻容耦合,其电路形式如图 4-3 所示。

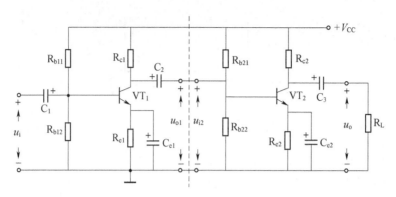

图 4-3 两级阻容耦合放大电路

由于电容元件具有"通交流隔直流"的作用,所以级与级之间不存在直流电的相互牵制而相互独立,交流信号能顺利通过电容送入后级电路,但电容对频率较低的信号容抗较大,所以此种耦合方式对直流和变化缓慢的信号不能放大。此外,因耦合电容与输入输出电阻构成了 RC 电路,对交流信号存在不同程度的相位移动。归纳起来,阻容耦合方式有如下的特点:

(1) 各级电路的静态工作点相互独立、互不相关,所以设计与调试电路都很方便。另外,电容元件体积较小、质量轻,所以阻容耦合具有突出的优点。

(2) 因电容元件对交流信号存在一定的容抗,所以信号传输过程中存在一定的损耗和相移,对变化缓慢的信号容抗较大而不能顺利传输。另外,在集成电路中制作大容量的电容很困难,所以这种耦合方式不便用于集成电路。

3. 变压器耦合

将级与级之间用变压器连接的方式称为变压器耦合,其电路的形式如图 4-4 所示。

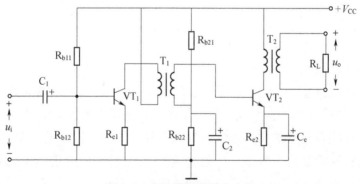

图 4-4 变压器耦合放大电路

由上图可见,前级电路的输出送入变压器的初级线圈,交流信号通过电磁感应传输给次级线圈,次级线圈的感应电动势作为下级电路的输入。由于初级线圈与次级线圈是相互绝缘的,直流电不能通过变压器,所以在此种耦合方式下各级电路的静态工作点是相互独立的。另外,由于变压器的体积和结构与工作频率相关,频率越低,体积越大、越笨重,所以对于低频信号的耦合十分不便。而高频变压器体积和重量都小得多,所以高频电路中常用此种耦合方式,如收音机的中音频放大器等电路。归纳起来,变压器耦合具有如下特点:

(1) 变压器不能传输直流电,所以各级静态工作点相互独立;变压器可以进行阻抗变换,容易实现阻抗变换而达到最大功率传输的目的,这是变压器耦合的优点。

(2) 变压器耦合的缺点是变压器体积大、笨重,频率特性差,不能传输直流和变化缓慢的信号,所以此种耦合方式存在一定的局限性,一般在音频功率电路和高频放大器电路中运用比较广泛。

4.2 多级放大电路的分析

4.2.1 多级放大电路的静态工作点分析

在阻容耦合和变压器耦合的多级放大电路中,由于各级放大器的直流相互独立,所以各级的静态工作点的计算方法与单管放大电路静态工作点的计算方法是相同的。而对于直接耦合的多级放大电路,其计算方法相对比较复杂,这里仅作简单的介绍。在如图 4-5 所示的电路中,由于晶体管 VT_1 的集电极与晶体管 VT_2 的基极直接连接,在实际中,因为 VT_1 的集电极电流 I_{CQ1} 较 VT_2 的基极电流 I_{BQ2} 大很多,故可以忽略 VT_2 的基极对 VT_1 的集电极的分流。那么,在估算静态工作点时,可将第一级单独计算,利用前面所学的计算方法很容易计算出 I_{CQ1} 和 U_{CEQ1}。而第二级的静态值 I_{CQ2} 和 U_{CEQ2} 为

$$I_{CQ2} \approx I_{EQ2} = \frac{U_{CQ1} - U_{BEQ2}}{R_{e2}}$$

$$U_{CEQ2} \approx V_{CC} - I_{CQ2}(R_{C2} + R_{e2})$$

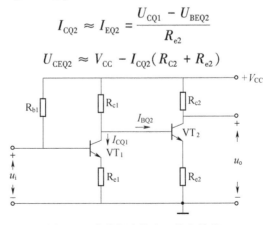

图 4-5 直接耦合静态工作点估算

上述计算是在忽略 VT_2 的基极电流的前提下得到的,由于 I_{BQ2} 一般为微安级电流,而 I_{CQ1} 一般为毫安级电流,所以,这种近似计算结论比较准确。

4.2.2 多级放大电路的动态分析

1. 电压放大倍数

多级放大电路的电压放大倍数为 $A_u = \dfrac{u_o}{u_i}$,其中 u_o、u_i 为放大器的输出、输入电压。在图 4-3 所示的电路中,因为 $u_o = A_{u2}u_{i2}$,$u_{i2} = u_{o1}$,$u_{o1} = A_{u1}u_i$,所以

$$A_u = \frac{u_o}{u_i} = A_{u1}A_{u2} \tag{4-1}$$

上式可以推广至 n 级放大电路,其电压放大倍数为

$$A_u = A_{u1}A_{u2}\cdots A_{un} \tag{4-2}$$

只需逐级计算出各级放大电路的电压放大倍数,便能计算出多级放大电路的电压放大倍数。需要注意的是,不能以各级的空载电压放大倍数之乘积来计算总的电压放大倍数,在计算各级放大倍数时,后级放大电路的输入电阻 r_i 应作为前级放大电路的负载,前级的输出电压作为后级的输入电压。

2. 放大倍数的分贝表示法

在实际应用中,多级放大电路的放大倍数一般都很大,比如集成运算放大器的放大倍数高达 10^4 以上,为了表示的方便,放大倍数可用对数单位分贝(dB)表示,称为增益。

声学理论指出,人耳对声音的感觉与声音强度符合对数规律,于是就将两个音响功率之比的对数作为功率增益的单位,称为"贝尔"。实际应用中,用"贝尔"作为单位太大,人们又取它的 1/10,即以"分贝"(dB)作为功率增益的单位。功率增益用"分贝"表示的定义式为

$$A_p(\text{dB}) = 10\lg\frac{P_o}{P_i}(\text{dB}) \tag{4-3}$$

由于在给定的电阻下,电功率与电压或者电流的平方成正比,若取对数为单位,电压增益可表示为

$$A_u(\text{dB}) = 20\lg\frac{U_o}{U_i}(\text{dB}) \tag{4-4}$$

电流增益可表示为

$$A_i(\text{dB}) = 20\lg\frac{I_o}{I_i}(\text{dB}) \tag{4-5}$$

增益采用分贝计算的最大优点在于它可以将多级放大电路放大倍数的乘除关系转化为对数的加减关系,给计算和使用带来方便。多级放大电路的总的电压放大倍数的分贝数等于各级放大倍数分贝数之和。

例 4-1 某放大电路由三级组成,每级电压增益为 20dB,求总的电压放大倍数为多少分贝? 相当于把电压放大了多少倍?

解:多级放大电路放大倍数的分贝数为各级放大倍数的分贝数相加,所以

$$A_u(\text{dB}) = A_{u1}(\text{dB}) + A_{u2}(\text{dB}) + A_{u3}(\text{dB}) = 60\text{dB}$$

$$A_u(\text{dB}) = 20\lg \frac{U_o}{U_i}(\text{dB})$$

即 $\frac{U_o}{U_i} = 1000$,相当于把电压放大 1000 倍。

3. 输入电阻 r_i

多级放大电路的输入电阻就是输入级电路的输入电阻。需要注意的是,当输入级为共集电极放大电路时,必须将第二级电路的输入电阻作为前级负载时对输入电阻的影响。除此以外,输入电阻的计算方法与单管放大电路的计算方法相同,这里不再赘述。

4. 输出电阻 r_o

多级放大电路的输出电阻 r_o 就是输出级电路的输出电阻。需要注意的是,当输出级为共集电极放大电路时,要考虑前级放大电路输出电阻的影响。

例 4-2 如图 4-6 所示的两级阻容耦合放大电路,若 $R_{b11} = 20\text{k}\Omega$, $R_{b12} = 10\text{k}\Omega$, $R_C = 2\text{k}\Omega$, $R_{e1} = 2\text{k}\Omega$, $R_{b21} = 200\text{k}\Omega$, $R_{e2} = 1\text{k}\Omega$, $\beta_1 = 50$, $\beta_2 = 100$, $V_{CC} = 12\text{V}$, $r_{bb'} = 200\Omega$。

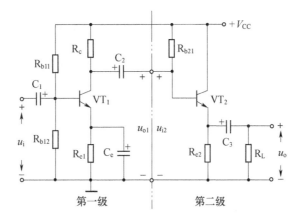

图 4-6 两级阻容耦合放大电路

(1) 分别估算各级的静态工作点。

(2) 计算放大电路的电压放大倍数 A_u、输入电阻 r_i 和输出电阻 r_o。

(3) 电压放大倍数用分贝表示是多少？

解：由图可知，三极管 VT_1 构成的第一级为共发射极放大电路，VT_2 构成的第二级为共集电极放大电路。由于两级放大为阻容耦合方式，所以静态工作点彼此独立，可分别计算。

(1) 估算静态工作点。

$$U_{B1} = \frac{R_{b12}}{R_{b11} + R_{b12}} U_{CC} = 4\text{V}$$

$$I_{CQ1} \approx \frac{U_{B1}}{R_{e1}} = 2\text{mA}$$

$$I_{BQ1} = \frac{I_{CQ1}}{\beta_1} = 40\mu\text{A}$$

$$U_{CEQ1} \approx U_{CC} - I_{CQ1}(R_c + R_{e1}) = 4\text{V}$$

$$I_{BQ2} \approx \frac{U_{CC}}{R_{b21} + (1 + \beta_2) R_{e2}} \approx 40\mu\text{A}$$

$$I_{CQ2} = \beta_2 I_{BQ2} = 4\text{mA}$$

$$U_{CEQ2} \approx U_{CC} - I_{CQ2} R_{e2} = 8\text{V}$$

(2) 计算放大电路的电压放大倍数 A_u、输入电阻 r_i 和输出电阻 r_o。

$$r_{be1} \approx 200\Omega + (1 + \beta_1) \frac{26\text{mV}}{I_{EQ1}(\text{mA})} = 860\Omega$$

$$r_{be2} \approx 200\Omega + (1 + \beta_2) \frac{26\text{mV}}{I_{EQ2}(\text{mA})} = 860\Omega$$

第二级的输入电阻 r_{i2} 做为第一级的负载电阻，则第一级的电压放大倍数为

$$A_{u1} = -\frac{\beta_1 (R_c // r_{i2})}{r_{be1}} = -116$$

因为，第二级为射极跟随器电路，其电压放大倍数近似为 1，即

$$A_{u2} \approx 1$$

所以

$$A_u = A_{u1} A_{u2} \approx -116$$

输入电阻

$$r_i = r_{i1} = R_{b11} // R_{b12} // r_{be1} \approx 0.86\text{k}\Omega$$

计算输出电阻时，应将前一级的输出电阻 r_{o1} 作为第二级的信号源内阻，有

$$r_\text{o} = r_\text{o2} = R_\text{e2} // \frac{r_\text{be2} + R_\text{b21}//r_\text{o1}}{1 + \beta_2} \approx 28\Omega$$

(3) 电压放大倍数用分贝表示。

$$A_\text{u}(\text{dB}) = 20\lg\frac{U_\text{o}}{U_\text{i}} = 20\lg|A_\text{u}| \approx 41.3\text{dB}$$

可见,第二级为"射随"电路,有较小的输出电阻,所以"射随"电路一般作为输出级电路,有利于提高多级放大电路的带负载能力。

4.3 放大电路的频率特性

4.3.1 频率响应的概念

1. 频率响应

在学习单管放大电路时,是以单一频率的正弦信号为放大电路的放大对象。而在实际应用中,放大器需要放大的信号并不一定是单频的正弦信号,往往是频带信号或者是在一定频率范围内变化的信号。由于放大电路中存在耦合电容、旁路电容、三极管结电容及杂散电容等,这些电容的容抗都随着信号频率的变化而变化,会对放大效果造成一定的影响,具体表现在对不同频率的信号存在不同的电压放大倍数和不同的相移。因此,将放大电路对不同频率的正弦信号的放大效果称为频率响应。

频率响应可用电压放大倍数与频率的关系表述为

$$\dot{A}_\text{u} = A_\text{u}(f) \angle \varphi(f) \qquad (4-6)$$

式中:$A_\text{u}(f)$为幅频特性表示电压放大倍数的大小与频率的函数关系;$\varphi(f)$为相频特性表示放大电路输出电压与输入电压相位差与频率的函数关系。所以,频率特性包含幅频特性和相频特性。

2. 上、下限频率和通频带

在图 4-7 所示的阻容耦合放大电路的幅频特性中,在某一频率范围内,放大器的增益与频率无关,几乎为一个常数,此时对应的增益称为中频增益 A_um,随着信号频率的减小或增加,电压放大倍数会减小。当电压放大倍数下降到 $\frac{A_\text{um}}{\sqrt{2}}$ 时,所对应的两个频率称为放大电路的下限频率 f_L 和上限频率 f_H。f_L 和 f_H 之间的频率范围称为放大电路的通频带,简称带宽,用 BW 表示,$BW=f_\text{H}-f_\text{L}$。一个放大器的通频带越宽,表示其工作的频率范围越宽,频率响应也越好。

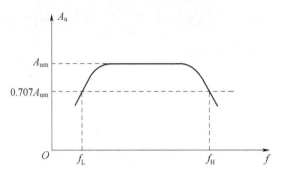

图 4-7 阻容耦合放大电路的幅频响应

4.3.2 单级阻容耦合放大电路的频率特性

如图 4-8(a)所示的单管阻容耦合共发射极放大电路,其幅频特性和相频特性如图 4-8(b)、(c)所示。由图可知,在一定频率范围内,电压放大倍数 A_u 和输入电压与输出电压的相位差 φ 几乎是不变的,与频率变化无关,这一频率区间称为中频区。在中频区之外,放大倍数会随频率的降低或升高而减小,相位差 φ 也发生变化。

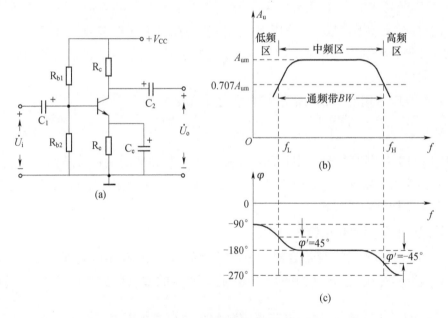

图 4-8 放大电路的幅频响应
(a) 单管阻容耦合共射放大电路;(b) 幅频特性;(c) 相频特性。

出现上述变化规律的主要原因是,中频区耦合电容和发射极旁路电容的容量较大,其容抗很小,可视为短路,对中频区交流信号的传递影响很小,晶体管的 β

值也基本不变,所以放大倍数的大小和信号频率基本无关。在前面学习单管放大电路时,所分析的等效电路及放大倍数都是针对中频区域而言的。

在低频区,耦合电容及旁路电容的容抗随着频率的降低而增大,当容抗大到一定程度时,其影响是不能忽略的。如图4-9所示,当频率较低时,C_1和C_2的容抗较大,将消耗一部分输入电压和输出电压,使负载上得到的净输出电压减小,从而导致电压放大倍数的下降。频率越低,C_1和C_2的容抗越大,其分压就越多,输出电压就越小,电路的放大倍数就越低。另外,由于频率较低时C_3的容抗较大,其旁路的作用也不断削弱,电路引入了负反馈,电压放大倍数也会减小。相对于中频区而言,低频区产生了超前的附加相移,相位差φ值随着频率的改变而改变,如图4-8(c)所示。

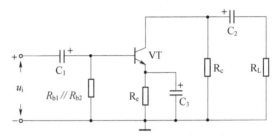

图4-9 放大电路的低频电路

在高频区,虽然C_1、C_2、C_3的容抗很小,但由于晶体管存在结电容和分布电容,当频率高到一定的程度时,其容抗也会变小到不可忽略的程度,将对输入电流及输出电流有显著的分流作用,使得输出电压下降而导致电压放大倍数降低。如图4-10所示,当频率很高时,C_i及C_o对输入信号和输出信号都会存在显著的分流作用,而且容抗会随着频率的升高减小,分流作用也越强,所以频率越高,电压放大倍数就越小。由于C_i及C_o的容量较小,所以在中频区容抗是很大的,可以视为开路而不予考虑,但在高频区,其影响却不容忽视。另外,在高频区会产生滞后的附加相移,相位差φ值随着频率的改变而改变,如图4-8(c)所示。

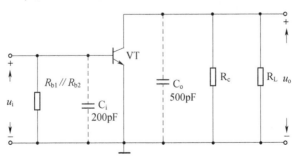

图4-10 放大电路的高频电路

4.3.3 多级放大电路的频率特性

由于多级放大电路的放大倍数为

$$\dot{A} = A\angle\varphi = A_{u1}\angle\varphi_1 \cdot A_{u2}\angle\varphi_2 \cdots \cdot A_{un}\angle\varphi_n \qquad (4-7)$$

式中

$$A_u = A_{u1} \cdot A_{u2} \cdots \cdot A_{un} \qquad (4-8)$$

$$\varphi = \varphi_1 + \varphi_2 + \cdots + \varphi_n \qquad (4-9)$$

可见,总的电压放大倍数的幅值等于各级电压放大倍数幅值的乘积,总的相移等于各级相移的代数和。但是在多级放大电路中,随着级数的增加,其通频带变窄,且窄于任何一级放大电路的通频带。下面以两级放大电路为例,分析多级放大电路的通频带变窄的原因。

两个单级共发射级放大电路的幅频特性如图 4-11(a) 所示,若 $A_{um1} = A_{um2}$, $f_{L1} = f_{L2}$, $f_{H1} = f_{H2}$, $BW_1 = BW_2$,由它们级联组成的两级放大电路总的中频区电压放大倍数为

$$A_{um} = A_{um1} \cdot A_{um2} = A_{um1}^2 = A_{um2}^2$$

在上、下限截止频率处,各级放大电路的电压放大倍数均为中频区电压放大倍数的 0.707 倍,那么

$$A_{uL1} = 0.707 A_{um1} = A_{uL2} = 0.707 A_{um2}$$
$$A_{uH1} = 0.707 A_{um1} = A_{uH2} = 0.707 A_{um2}$$

两级电路耦合后,电路在对应的 $f_{L1}(f_{L2})$ 及 $f_{H1}(f_{H2})$ 频率点处总的电压放大倍数为

$$A_u = 0.707 A_{um1} \times 0.707 A_{um1} \approx 0.49 A_{um1} A_{um1} = 0.49 A_{um1}^2$$

而两级放大电路在上、下限截止频率处的放大倍数为

$$A_{uL} = A_{uH} = 0.707 A_{um1} A_{um1} = 0.707 A_{um1}^2$$

由图 4-11(b) 可知,多级放大电路的上限截止频率小于单级放大电路的上限截止频率,下限截止频率大于单级放大电路的下限截止频率,因此,多级放大电路的通频带比单级放大电路的通频带窄。

多级放大电路的放大倍数与通频带是一对相互矛盾的量,多级放大器虽然使电压放大倍数提高了,却使通频带变窄了。所以,在设计多级放大时必须考虑需要放大的信号频率范围与多级放大电路通频带的关系,即多级放大器的下限截止频率 f_L 必须小于或等于信号中的最低频率,且放大器的上限截止频率必须大于或等于信号中的最高频率。一般在计算多级放大电路的上、下限截止频率时有如下的经验公式:

第4章 多级放大电路

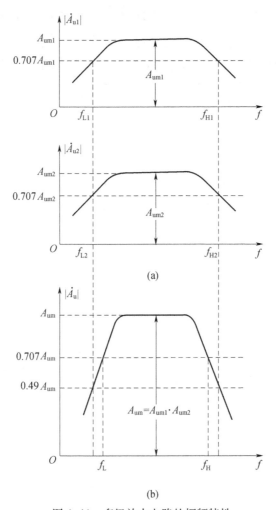

图 4-11 多级放大电路的幅频特性
(a) 两个单级共发射级放大电路的幅频特性；(b) 多级共发射级放大电路的幅频特性。

(1) 上限截止频率。

$$\frac{1}{f_H} \approx 1.1 \sqrt{\frac{1}{f_{H1}^2} + \frac{1}{f_{H2}^2} + \cdots + \frac{1}{f_{Hn}^2}} \quad (4-10)$$

(2) 下限截止频率。

$$f_L \approx 1.1 \sqrt{f_{L1}^2 + f_{L2}^2 + \cdots + f_{Ln}^2} \quad (4-11)$$

式中:1.1 为修正系数,一般级数越多,误差越小。

在单级放大电路中,一般中频增益的幅值和带宽之积为一常数,即一旦选定三极管以后,增益带宽积也是固定的,将放大倍数提高几倍,相应带宽会缩小几乎相同的倍数。所以,在设计多级放大电路时,必须保证各级放大器都有较大的带宽,为此必须严格控制各级的增益才可能满足要求,不能让单级放大器的增益太高,若太高则该级的带宽会缩小,便会影响多级放大器总的带宽。在设计高增益的多级放大器时,为达到放大器对带宽的要求,可采用增加单级放大电路带宽的办法来平衡带宽和增益之间的矛盾。

本 章 小 结

（1）多级放大电路常见的耦合方式有三种：直接耦合、阻容耦合、变压器耦合。它们各有优缺点,应依据具体的条件和要求选择。多级放大电路的电压放大倍数 A_u 等于各级电压放大倍数之积,相移为各级相移之和。

（2）多级放大电路的输入电阻 r_i 为第一级电路的输入电阻,输出电阻 r_o 为末级电路的输出电阻,估算时应注意级与级之间的相互影响,尤其是共集电极电路。

（3）放大电路对不同频率的信号具有不同的放大能力,用频率响应来表示这种特性。通过特性曲线可以看出,在低频区和高频区,电压放大倍数随频率的变化而下降；而在中频区,电压放大倍数几乎不受频率变化的影响。电压放大倍数在低频区下降的主要原因是耦合电容和旁路电容的存在；在高频区下降的主要原因是三极管的极间电容及电路中的分布电容的影响。放大电路的通频带可用 BW 表示,$BW=f_H-f_L$。

（4）多级放大电路的放大倍数与通频带是一对相互矛盾的量,级数越多,总的放大倍数越大,但总的通频带越窄。

思考与练习题

一、填空题

1. 多级放大电路常用的耦合方式有_____、_____和_____。

2. 集成放大器中常采用的耦合方式是_____,该耦合方式的优点是_____,缺点是_____。

3. 阻容耦合方式的优点是_____；缺点是_____。

4. 在分析变压器耦合方式的放大电路静态工作点时,变压器绕组应该视为_____。

5. 多级放大电路的输入电阻为_____；输出电阻为_____。

6. 多级放大电路的电压放大倍数为_____；多级放大电路对信号的相移为每级相移的_____。

7. 多级放大电路总的通频带比单级的通频带_____；提高多级放大器的增益,其带宽将_____。

8. 在单级放大电路中,一般放大电路的增益带宽积为_____;所以增益提高多少倍,则带宽将_____相同的倍数。

9. 在多级放大电路中,为了提高整个电路的带负载能力,末级电路一般采用_____。

10. 若多级放大电路的电压放大倍数为10000,用分贝数表示为_____;若某个三级放大电路中,第一级的增益为10dB,第二级为20dB,第三级为30dB,则总的增益为_____。

二、简答题

1. 阻容耦合多级放大电路中,其幅频特性曲线是怎样的?
2. 为何低频区和高频区的增益比中频区低?
3. 如果是直接耦合,幅频特性曲线有何不同?
4. 放大器的带宽是如何定义的?带宽与增益有什么联系?

三、分析与设计题

1. 某一多级放大电路由两个共射极放大电路通过阻容耦合方式级联而成,试回答下面的问题。

（1）将耦合电容断开,第一级输出电压波形失真;不断开电容,输出波形正常。说明原因。

（2）若调试时发现第一级输出电压波形出现底部失真,说明可能的原因。

（3）输出波形出现了双向失真,而单级电路工作正常,试分析原因。

（4）输入电压与输出电压的相位关系如何?说明原因。

2. 现有信号发生器、示波器、直流电源、毫伏表等,请设计测定某一多级放大电路带宽的方法。

四、计算题

1. 两级放大电路如图 4-12 所示,$\beta_1 = \beta_2 = 50$,且 $r_{be1} = 1.3\text{k}\Omega$,$r_{be2} = 3\text{k}\Omega$。求 A_u、r_i、r_o。

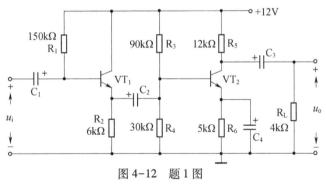

图 4-12 题 1 图

2. 某放大器由四级组成,已知每级电压增益为30dB,问总的电压放大倍数为多少分贝?相当于把信号放大了多少倍?

第 5 章　负反馈放大电路

【学习目标】
(1) 掌握反馈放大器的组成结构和基本概念。
(2) 掌握放大电路反馈极性、反馈类型的判断方法。
(3) 掌握负反馈的引入对放大电路性能的影响。
(4) 根据放大电路的要求正确引入负反馈。
(5) 掌握深度负反馈放大电路的分析方法。

通过对前几章内容的学习,我们知道,在各种类型的基本放大电路中,都是将信号从输入端输入,经过放大器放大后再从输出端提供给负载。这种方式下,如果放大器本身的参数发生变化会导致输出量也发生变化,例如由于温度的升高导致放大器增益的增大,则输出量的幅度将会变大,使得输出信号不稳定。而在实际应用中,往往将输出量的一部分或者全部通过一定的方式又返回到放大器的输入端,这称为反馈。反馈有正、负之分,一般放大电路都引入负反馈。负反馈可以改善放大器的多项性能,例如可以减小非线性失真,改变输入、输出电阻,稳定放大倍数,扩展通频带等。本章主要介绍反馈的基本概念、正负反馈和各种反馈类型的判定方法、引入负反馈的一般原则以及负反馈对放大器性能的改善。

5.1　反馈的基本概念

5.1.1　反馈的概念

1. 反馈的含义

凡是通过一定的方式将输出量送回到输入端,并对输入端产生一定的影响的过程,称为反馈。

放大电路中的反馈是指通过一定的方式把放大电路的输出量(电压或者电流)的一部分或全部送回到输入电路并对输入电路产生影响的过程。具有反馈的放大电路称为反馈放大电路。

2. 反馈放大电路的一般框图

任何一个反馈放大电路都可以表示为一个基本放大电路和反馈网络组成的闭环系统,其基本结构如图 5-1 所示。

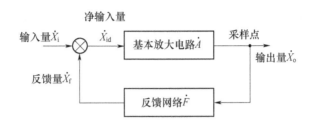

图 5-1 反馈放大电路方框图

图 5-1 中 $\dot{X}_i$、$\dot{X}_{id}$、$\dot{X}_f$、$\dot{X}_o$ 分别表示放大电路的输入信号、净输入信号、反馈信号和输出信号,它们既可以是电压量,也可以是电流量;未引入反馈的基本放大电路称为开环放大电路,$\dot{A}$ 为基本放大电路的开环增益;引入反馈后的放大电路称为闭环放大电路,$\dot{F}$ 为反馈网络的反馈系数。反馈网络与基本放大电路的输出回路的连接点称为采样点,与输入回路的连接称为比较环节,用"⊗"表示,反馈信号 $\dot{X}_f$ 与输入信号 $\dot{X}_i$ 相比较(相加或相减)得到净输入信号 $\dot{X}_{id}$,图 5-1 中箭头的方向表示信号传输的方向。为了分析的方便,假定信号是单向传输的,即在基本放大电路中,信号为正向传输,不考虑放大器的内反馈;在反馈网络中信号是反向传输的,而实际上信号的传输方向是复杂的。

3. 反馈元件

在反馈电路中,既与放大电路的输入回路相连,又与输出回路相连的元件,以及与反馈支路相连且对反馈信号的大小产生影响的元件,都称为反馈元件。

5.1.2 反馈放大电路的基本关系式

1. 闭环增益 $\dot{A}_f$

由图 5-1 所示的反馈放大电路的框图可推导出放大电路闭环增益的一般表达式。下面介绍几个定义和闭环增益的推导。

(1) 开环增益。

$$\dot{A} = \frac{\dot{X}_o}{\dot{X}_{id}} \qquad (5-1)$$

(2) 反馈系数。

$$\dot{F} = \frac{\dot{X}_f}{\dot{X}_o} \quad (5-2)$$

(3) 闭环增益。

$$\dot{A}_f = \frac{\dot{X}_o}{\dot{X}_i} \quad (5-3)$$

(4) 净输入信号。

$$\dot{X}_{id} = \dot{X}_i - \dot{X}_f \quad (5-4)$$

根据式(5-1)~式(5-4)可以推导出闭环增益的表达式为

$$\dot{A}_f = \frac{\dot{X}_o}{\dot{X}_i} = \frac{\dot{A}\,\dot{X}_{id}}{\dot{X}_{id} + \dot{X}_f} = \frac{\dot{A}\,\dot{X}_{id}}{\dot{X}_{id} + \dot{F}\,\dot{X}_o} = \frac{\dot{A}\,\dot{X}_{id}}{\dot{X}_{id} + \dot{F}\,\dot{A}\,\dot{X}_{id}} = \frac{\dot{A}}{1 + \dot{A}\,\dot{F}} \quad (5-5)$$

2. 反馈深度($1+\dot{A}\dot{F}$)

定义($1+\dot{A}\dot{F}$)为闭环放大电路的反馈深度,它是衡量放大电路反馈强弱的一个重要指标,闭环放大倍数$\dot{A}_f$的变化与反馈深度有很大关系。$\dot{A}\dot{F}$称为电路的环路增益。下面介绍反馈深度对放大电路性质的影响。

(1) 若($1+\dot{A}\dot{F}$)>1,则$\dot{A}_f<\dot{A}$,此时放大电路引入的反馈为负反馈。

(2) 若($1+\dot{A}\dot{F}$)<1,则$\dot{A}_f>\dot{A}$,此时放大电路引入的反馈为正反馈。

(3) 若($1+\dot{A}\dot{F}$)=0,则$\dot{A}_f\to\infty$,此时放大电路出现自激振荡。

(4) 若($1+\dot{A}\dot{F}$)≫1,则有$\dot{A}_f=\dfrac{\dot{A}}{1+\dot{A}\dot{F}}\approx\dfrac{1}{\dot{F}}$,此时放大电路引入的反馈为深度负反馈。

由此可见,当放大电路引入深度负反馈后,闭环增益$\dot{A}_f$与开环增益$\dot{A}$无关,只与反馈网络的反馈系数$\dot{F}$有关。

5.2 放大电路中反馈类型的判断

5.2.1 正、负反馈及其判定方法

在放大电路中,如果反馈量使放大器的净输入量得以增强,这样的反馈称为

正反馈;相反,如果反馈量使净输入量减弱,那么这样的反馈就称为负反馈。

通常采用"瞬时极性法"来判断反馈的极性,具体方法如下:

(1)假设输入信号某一瞬时的极性。

(2)根据输入与输出信号的相位关系,确定输出信号和反馈信号的瞬时极性。

(3)最后根据反馈信号与输入信号的连接情况,分析净输入量的变化,如果反馈信号使净输入量增强,即为正反馈;反之就为负反馈。

判断反馈极性时,一般有这样的结论:在放大电路的输入回路,输入信号与反馈信号连接在同一端点且极性相同,则为正反馈;若极性不同,则为负反馈。若输入信号与反馈信号不连接在同一端点且极性不同,则为正反馈;若极性相同,则为负反馈。图 5-2 所示为反馈极性的判断方法。

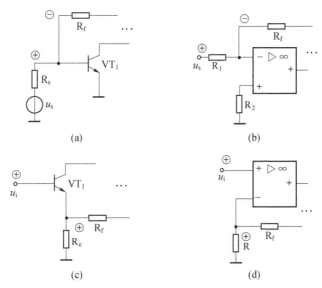

图 5-2 反馈极性的判断

(a)同点负反馈;(b)同点负反馈;(c)异点负反馈;(d)异点负反馈。

例 5-1 图 5-3 所示分别为运算放大器和三极管构成的反馈放大电路,试判断电路中反馈极性。

解:在图 5-3(a)所示的电路中,输入信号 u_i 从运算放大器的同相端输入,假定 u_i 的极性为正,则输出信号 u_o 为正,反馈信号 u_f 也为正,u_f 与 u_i 相比较,净输入信号 $u_{id}=u_i-u_f$ 减小,可见反馈信号削弱了输入信号的作用,因此为负反馈。从电路中可见,输入信号 u_i 和 u_f 在不同的端点,且为同极性,为负反馈。R_f 和 R 为反馈元件。

在图 5-3(b)所示的电路中,输入信号从 VT_1 的基极输入,假定输入信号的瞬时极性为正,那么 VT_1 集电极的瞬时极性为负,从第二级 VT_2 的发射极采样,瞬时极性为负，经 R_f 反馈回的反馈信号瞬时极性为负，反馈信号削弱了输入信号的作用，使净输入信号减小，因此为负反馈。从电路中可见，输入信号和反馈信号在相同点，且极性不同，因此引入的反馈为负反馈，反馈元件为 R_f 和 R_e。

在图 5-3(c)所示的电路中，输入信号从运算放大器的同相端输入，假定输入信号的极性为正，则输出信号为正，反馈信号也为正，反馈信号加强了输入信号的作用，使净输入信号增大，因此为正反馈。从电路中可见，反馈信号与输入信号在同一端点，极性相同，所以为正反馈。R_f 和 R 为反馈元件。

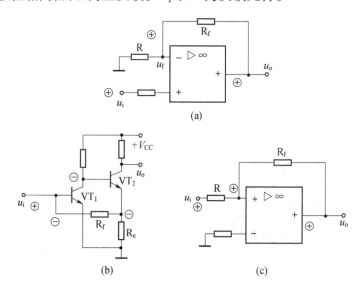

图 5-3　例 5-1 图

5.2.2　直流反馈和交流反馈

按照反馈信号本身的交、直流性质，反馈可分为直流反馈和交流反馈两类，如果反馈信号仅包含直流成分，那么这样的反馈称为直流反馈；若反馈信号中仅包含交流成分，则这样的反馈称为交流反馈。在很多场合下，反馈信号中既包含直流成分又包含交流成分，二者同时存在，则这样的反馈称为交、直流反馈。

直流负反馈的作用是为了稳定静态工作点，交流负反馈的作用是为了改善放大电路的性能指标，本章重点讨论交流反馈。

交流反馈和直流反馈的判断，可以通过画反馈放大电路的交、直流通路来完成，在直流通路中，如果反馈回路存在，即为直流反馈；在交流通路中，如果反馈回路存在，即为交流反馈；如果交、直流通路中，反馈回路都存在，即为交、直流反馈。

在图 5-4(a)所示电路中，电容 C 与电阻 R_F 串联，C 起到隔直流的作用，则引入的是交流反馈。在图 5-4(b)所示电路中，R_F 无电容连接，故为交、直流反馈。

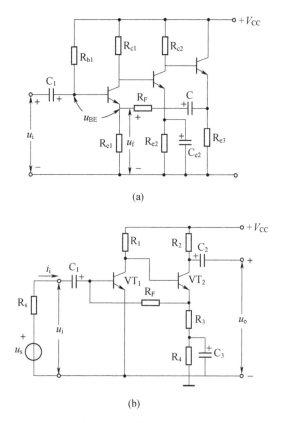

图 5-4 交、直流反馈的判断
（a）交流反馈；（b）交、直流反馈。

5.2.3 电压反馈和电流反馈

对于交流反馈,根据反馈信号在放大电路输出端采样方式的不同进行分类,可以分为电压反馈和电流反馈。

若反馈信号是从输出电压采样而得,反馈信号与输出电压成正比,则称为电压反馈;若反馈信号是从输出电流采样而得,反馈信号与输出电流成正比,则称为电流反馈。

判断电压或电流反馈的方法是:假设输出端短路接地,若反馈信号也为零,则为电压反馈;若反馈信号仍然存在,则为电流反馈。另外,也可将输出回路的负载断开,若反馈信号仍然存在,则为电压反馈,反之为电流反馈。

一般电压反馈的采样点与输出电压在同一端点;而电流反馈的采样点与输出电压不在同一端点。假若在三极管的集电极输出电压,反馈信号的采样点也是集电极,则为电压反馈;若反馈信号采样点在发射极,则为电流反馈。

5.2.4 串联反馈和并联反馈

对于交流反馈,根据反馈信号与输入信号在输入端的连接方式不同来分类,可以分为串联反馈和并联反馈。如果反馈信号和输入信号在输入端以电压的形式相加减,即在输入回路中彼此串联,称为串联反馈;若反馈信号与输入信号在输入回路中以电流的形式相加减,即在输入回路中彼此并联,称为并联反馈。

一般串联反馈时输入信号和反馈信号接在输入回路的不同端点,而并联反馈时输入信号和反馈信号接在相同的端点。

例 5-2 在图 5-5 所示反馈放大电路中,试确定电路中的反馈是电压反馈还是电流反馈,是串联反馈还是并联反馈。

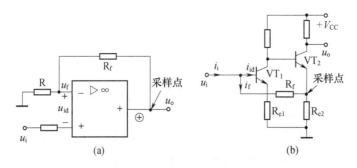

图 5-5 例 5-2 图

解:对于图 5-5(a),在输出回路中,反馈采样点与输出电压在同端点,因此为电压反馈。若将输出端短路接地,即 $u_o = 0$,则反馈电压 u_f 也不存在,所以为电压反馈。在输入回路,输入信号与反馈信号接在不同的端点,是串联反馈。根据反馈信号与输入信号以电压的形式相加减,$u_{id} = u_i - u_f$,所以为串联反馈。

对于图 5-5(b),在输出回路中,因为反馈信号的采样点与输出电压在不同的端点,所以为电流反馈。如果将输出端短路,发射极电流 i_{e2} 仍存在,会形成反馈电流 i_f,反馈信号仍然存在,所以为电流反馈。在输入回路,输入信号与反馈信号接在同一端点,为并联反馈。根据反馈信号 i_f 与输入信号 i_i 以电流的形式相加减,即 $i_b = i_i - i_f$,所以为并联反馈。

5.2.5 交流负反馈放大电路的四种组态

在负反馈放大电路中,从对输出信号的采样形式来看,可以分为电压反馈和电流反馈两种;而从与输入回路的连接方式来看,可以分为并联反馈和串联反馈两种,因此,负反馈放大器共有四种组态:电压串联负反馈、电压并联负反馈、电流串联负反馈和电流并联负反馈。

1. 电压串联负反馈

将采样点和输出电压同端点,且反馈信号与输入信号不同端点的结构形式称为电压串联负反馈。在如图 5-6 所示的电路中,R_1 和 R_2 构成反馈网络,R_2 与运算放大器输出电压同端点,输出电压 u_o 在电阻 R_1 上的分压值为反馈电压 u_f,即 $u_f = \dfrac{R_1}{R_1 + R_2} u_o$,故为电压反馈。运算放大器的净输入电压 $u_{id} = u_i - u_f$,反馈信号 u_f 与输入信号 u_i 以电压的形式相加减,故为串联负反馈。

若某种原因导致输出电压 u_o 增大,则反馈电压 u_f 也增大,则运算放大器的净输入电压 $u_{id} = u_i - u_f$ 便会减小,净输入电压 u_{id} 的减小会导致输出电压 u_o 减小,反馈的结果是使输出电压 u_o 稳定。电路稳定输出电压 u_o 的过程如下:$u_o \uparrow \to u_f \uparrow \to u_{id} \downarrow \to u_o \downarrow$。因此,电压反馈具有稳定输出电压的作用。

2. 电压并联负反馈

在如图 5-7 所示的电路中,因为采样点与输出端同端点,故为电压反馈;而反馈信号与输入信号同端点,为并联负反馈。所以此电路引入的反馈为电压并联负反馈。连接输出回路和输入回路的 R_f 与 R_1 构成反馈网络。

若负载变化导致输出电压 u_o 降低,则反馈 i_f 的值减小,净输入电流 $i_{id} = i_i - i_f$ 的值增大,净输入电流的值增大必然导致输出电压 u_o 的增大,最终使输出电压稳定。

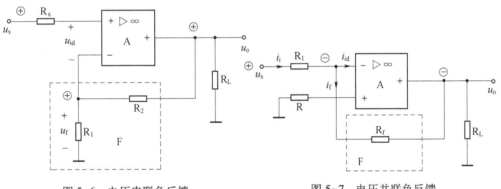

图 5-6 电压串联负反馈　　　　图 5-7 电压并联负反馈

3. 电流串联负反馈

在图 5-8 所示的电路中,电阻 R_1 构成了反馈网络,若将输出回路的负载 R_L 断开,则输出电流不能送回输入端,所以为电流反馈;反馈信号与输入信号在不同的端点,所以为串联反馈,故电路引入的是电流串联负反馈。

若因负载 R_L 的增大而导致输出电流 i_o 减小,则反馈电压 u_f 也会减小,净输入电压 $u_{id} = u_i - u_f$ 便会增大,u_{id} 的增大会导致输出电流 i_o 增大,最终稳定了输出电流。放大电路稳定输出电流 i_o 的过程如下:$i_o \downarrow \to u_f \downarrow \to u_{id} \uparrow \to i_o \uparrow$。因此,电流反馈具有稳定输出电流的作用。

4. 电流并联负反馈

在图 5-9 所示的电路中,若将输出回路的负载 R_L 断开,则输出电流不能送回输入端,所以为电流反馈;反馈信号与输入信号同端点,所以为并联反馈,故放大电路为电流并联负反馈。图中 R_f 和 R 元件构成反馈网络。

若负载变化导致输出电流 i_o 降低,则反馈 i_f 的值减小,净输入电流 $i_{id}=i_i-i_f$ 的值增大,净输入电流的值增大必然导致输出电流 i_o 的增大,最终使输出电流稳定。

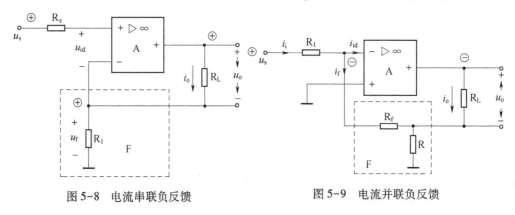

图 5-8　电流串联负反馈　　　　　图 5-9　电流并联负反馈

5.3　负反馈对放大电路性能的影响

5.3.1　减小环路内的非线性失真

由于三极管等半导体器件是非线性器件,所以放大器在对信号进行放大时,不可避免地会产生非线性失真。若输入放大器的信号为不失真的正弦信号,在没有引入负反馈之前,开环放大器的输出信号产生正半周幅度变大而负半周幅度变小的非线性失真,如图 5-10(a)所示。实际上产生这种非线性失真的原因是三极管的转移电导为非线性曲线,放大器对信号正半周的转移电导大,而对信号负半周的转移电导小。引入负反馈以后,假设反馈网络为不会引入非线性失真的线性网络,则反馈信号波形与输出信号波形一样,也是正半周幅度大而负半周幅度小。反馈信号与输入信号相比较后,得到的净输入信号为一个正半周幅度较小而负半周幅度较大的类似正弦信号。再经过放大器放大时,放大器对正半周的增益大而对负半周的增益小,从而使得输出信号的波形为趋于正负半周对称的正弦信号,从而减小了非线性失真。引入负反馈后减小非线性失真的过程如图 5-10(b)所示。

从另一个角度考虑,放大器开环时,输入量为 X_i,放大器在放大信号 X_i 时,由于三极管的转移特性曲线是非线性的,所以输入量变化幅度越大,输出量的非线性失真也越大。而引入负反馈的结果是使输入放大器的净输入量 X_{id} 减小,使得净输入量在 Q 点附近的变化范围很大地减小,幅度被限定在 Q 点附近很小的范围内,而在此范围内转移特性曲线可近似认为是线性的,所以,输出量 X_o 的失真便会显著地减小。三极管的转移特性曲线如图 5-11 所示。

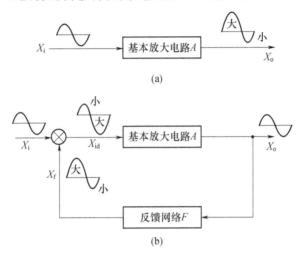

图 5-10 引入负反馈减小非线性失真
（a）无反馈；（b）有反馈。

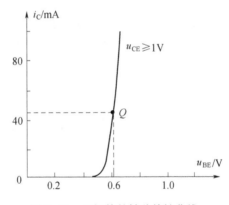

图 5-11 三极管的转移特性曲线

值得注意的是,如果输入信号本身就有失真,则此时引入负反馈的作用不大,引入负反馈是无法改善输入信号固有失真的。

5.3.2 提高增益的稳定性

放大器的放大倍数是由电路元件的参数决定的,元件的老化、负载的变化或者环境温度的变化,都有可能引起放大器放大倍数的变化,为此通常都要在放大器中引入负反馈,用以提高放大倍数的稳定性。

放大倍数的稳定性可用放大倍数的相对变化量来衡量,根据闭环增益的表达式 $A_f = \dfrac{A}{1+AF}$,得 A_f 对 A 的导数为

$$\frac{dA_f}{dA} = \frac{1}{(1+AF)^2} \qquad (5-6)$$

即

$$dA_f = \frac{1}{(1+AF)^2} dA \qquad (5-7)$$

那么,闭环增益的相对变化量为

$$\frac{dA_f}{A_f} = \frac{1}{1+AF} \frac{dA}{A} \qquad (5-8)$$

式(5-8)表明,闭环增益的相对变化量只有开环增益相对变化量的 $\dfrac{1}{1+AF}$,也就是说,引入负反馈以后,虽然放大器的增益下降到开环增益的 $\dfrac{1}{1+AF}$,但其稳定性却提高到原来的 $(1+AF)$ 倍。

5.3.3 扩展通频带

频率响应是放大器的重要特性之一,在多级放大电路中,级数越多,增益越大,通频带越窄,引入负反馈后,可有效地扩展放大电路的通频带。

放大器的电路参数和放大管选定以后,中频区增益 A_{um} 和通频带 BW 之积(增益带宽积)基本为一定值。放大器的增益减小多少,则其带宽必然展宽多少。放大器引入负反馈后,在中频区其闭环增益 A_{umf} 下降到开环增益 A_{um} 的 $\dfrac{1}{1+AF}$,那么其通频带 BW_f 也必然会展宽到开环 BW 的 $(1+AF)$ 倍,即

$$BW_f \approx (1+AF) BW \qquad (5-9)$$

图 5-12 所示为放大器引入负反馈后通频带的变化,在学习放大电路的频率特性时已经知道,在低频区和高频区,放大电路的放大倍数均要下降。由于引入负反馈具有稳定放大倍数的作用,因此在低频区和高频区的放大倍数下降的速度会减慢,相当于通频带展宽了。

5.3.4 改变输入电阻和输出电阻

1. 负反馈对输入电阻的影响

负反馈对放大电路输入电阻的影响,取决于反馈网络与输入回路的连接方

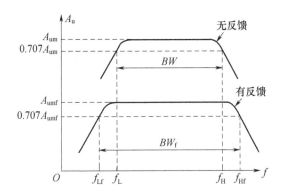

图 5-12 负反馈扩展通频带

式,即取决于是并联反馈还是串联反馈。

1) 串联负反馈

由于输入电阻与反馈网络串联,其结果必然使输入电阻增大,输入电阻 r_{if} 和开环输入电阻 r_i 满足如下的关系:

$$r_{if} = (1 + AF)r_i \qquad (5-10)$$

2) 并联负反馈

由于输入电阻与反馈网络并联,其结果必然使输入电阻减小,输入电阻 r_{if} 和开环输入电阻 r_i 满足如下的关系:

$$r_{if} = \frac{1}{1+AF}r_i \qquad (5-11)$$

2. 负反馈对输出电阻的影响

负反馈对输出电阻的影响,取决于反馈网络在输出端采样量,即取决于是电压反馈还是电流反馈。

1) 电压负反馈

电压负反馈电路中,由于反馈网络与输出端同端点,从放大器的输出看,反馈网络与输出端并联,其结果必然使输出电阻减小,输出电阻 r_{of} 和开环输出电阻 r_o 满足如下的关系:

$$r_{of} = \frac{1}{1+AF}r_o \qquad (5-12)$$

2) 电流负反馈

在电流负反馈电路中,由于输出电阻与反馈网络串联,其结果必然使输出电阻增大,输出电阻 r_{of} 和开环输出电阻 r_o 满足如下的关系:

$$r_{of} = (1 + AF)r_o \qquad (5-13)$$

5.3.5 放大电路引入负反馈的一般原则

通常为了针对性的改善放大电路的性能,可以根据放大电路对性能参数的要求,合理地引入负反馈。

放大电路引入负反馈的一般原则:

(1) 要稳定放大电路的静态工作点,应该引入直流负反馈。

(2) 要改善放大电路的动态性能,应该引入交流负反馈。动态性能包括失真度、增益的稳定性、稳定输出量、通频带等。

(3) 要稳定输出电压,减小输出电阻,提高带负载能力,应该引入电压负反馈。

(4) 要稳定输出电流,增大输出电阻,应该引入电流负反馈。

(5) 要提高输入电阻,减小信号源内阻对放大电路的影响,应该引入串联负反馈。

(6) 要减小输入电阻,应该引入并联负反馈。

在多级放大电路中,为了达到改善放大电路性能的目的,所引入的负反馈一般为级间反馈。若单级放大电路也存在负反馈,在分析多级放大电路时,一般主要分析级间反馈。

例 5-3 如图 5-13 所示的放大电路,若要提高放大电路的输入电阻并稳定输出电流,应该如何正确地引入负反馈?

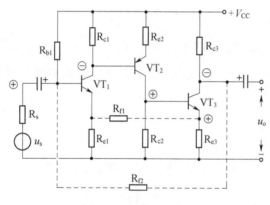

图 5-13 例 5-3 题图

解:为了保证引入的为负反馈,首先根据瞬时极性法标出电路中相关各点的极性,如图 5-13 所示,假设输入电压的瞬时极性为正极性,则 VT_1 集电极电压极性为负,VT_2 集电极电压极性为正,VT_3 集电极电压极性为负,VT_3 发射极的电压极性为正。

为了提高输入电阻,应该引入串联负反馈;为了稳定输出电流,应该引入电流负反馈。因此,图中引入的反馈支路 R_{f1} 即可满足要求,而反馈支路 R_{f2} 不满足要求(为电压并联负反馈)。

5.4 深度负反馈放大电路的估算

这里只讨论中频段信号的情况,为此各相量均用实数表示。

5.4.1 深度负反馈的特点

在负反馈放大电路中,当反馈深度 $1+AF \gg 1$ 时,称放大电路引入深度负反馈,一般在 $1+AF \geqslant 10$ 时,就可以认为是深度负反馈。此时,由于 $1+AF \approx AF$,所以

$$A_f = \frac{A}{1+AF} \approx \frac{1}{F} \qquad (5-14)$$

由式(5-14)可知:

(1) 深度负反馈的闭环增益 A_f 只由反馈系数 F 决定,跟基本放大电路的放大倍数无关。

(2) 外加输入信号近似等于反馈信号,净输入信号近似为零。

5.4.2 深度负反馈放大电路的参数估算

1. 估算深度负反馈放大电路电压增益的步骤

估算深度负反馈放大电路电压增益的一般步骤如下:

(1) 确定放大电路中反馈的组态。如果是串联负反馈,反馈信号和输入信号以电压的形式相减,X_i 和 X_f 是电压,则有反馈电压近似等于输入电压,即 $u_i \approx u_f$,串联负反馈的形式如图 5-14 所示。

如果是并联负反馈,反馈信号和输入信号以电流的形式相减,X_i 和 X_f 是电

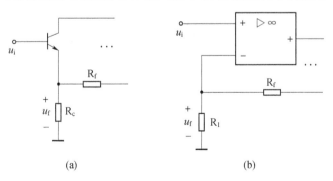

图 5-14 深度串联负反馈
(a) 分立元件电路;(b) 运算放大器电路。

流,则有反馈电流近似等于输入电流,即 $i_i \approx i_f \approx \dfrac{u_s}{r_s}$,并联负反馈的电路形式如图 5-15 所示。

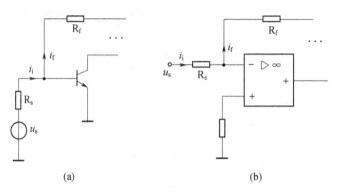

图 5-15　深度并联负反馈
（a）分立元件电路；（b）运算放大器电路。

（2）列出反馈量 X_f 和输出量 X_o 的关系,从而求出反馈系数 F,即 $F = \dfrac{X_f}{X_o}$;闭环增益 $A_f \approx \dfrac{1}{F}$。

（3）若要估算闭环电压增益 A_{uf},可根据电路列出输出电压 u_o 和输入电压 u_i 的表达式,从而计算电压增益。

2. 深度负反馈放大电路计算举例

1）电压串联负反馈电路

例 5-4　如图 5-16 所示的负反馈放大电路,试估算电路的电压增益。

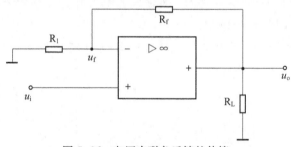

图 5-16　电压串联负反馈的估算

解:根据反馈类型的分析方法可知,电路引入的为电压串联负反馈,故有 $u_i \approx u_f$。

由图可知

$$u_f \approx \dfrac{R_1}{R_1 + R_f} u_o \qquad (5-15)$$

反馈系数为

$$F_\mathrm{u} = \frac{u_\mathrm{f}}{u_\mathrm{o}} = \frac{R_1}{R_1 + R_\mathrm{f}} \quad (5-16)$$

闭环电压增益为

$$A_\mathrm{uf} \approx \frac{1}{F_\mathrm{u}} \approx 1 + \frac{R_\mathrm{f}}{R_1} \quad (5-17)$$

可见,闭环增益只与反馈网络的参数有关,而与基本放大电路的增益及负载电阻无关。

2) 电压并联负反馈电路

例 5-5 如图 5-17 所示的反馈放大电路,试估算电路的电压增益。

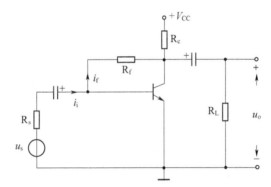

图 5-17 电压并联负反馈电路的估算

解:此电路引入了电压并联负反馈,故有 $i_\mathrm{i} \approx i_\mathrm{f} \approx \dfrac{u_\mathrm{s}}{r_\mathrm{s}}$。由于引入了深度负反馈,则放大器净输入电流近似为零,即 $i_\mathrm{b} \approx 0$。

由图可知

$$i_\mathrm{f} \approx -\frac{u_\mathrm{o}}{R_\mathrm{f}} \approx i_\mathrm{i} \approx \frac{u_\mathrm{s}}{R_\mathrm{s}} \quad (5-18)$$

电压增益为

$$A_\mathrm{uf} = \frac{u_\mathrm{o}}{u_\mathrm{s}} = -\frac{i_\mathrm{f} R_\mathrm{f}}{i_\mathrm{i} R_\mathrm{s}} \approx -\frac{R_\mathrm{f}}{R_\mathrm{s}} \quad (5-19)$$

由上述分析可知,此深度电压并联负反馈电路的增益与负载电路、三极管参数 β、r_be 等无关。

3) 电流串联负反馈电路

例 5-6 如图 5-18 所示的反馈放大电路,试估算电路的电压增益。

解:分析电路可知,电路引入了电流串联负反馈,因此 $u_\mathrm{i} \approx u_\mathrm{f}$。

由图可知,反馈电压 u_f 为发射极电阻 R_e 上的交流电压,即

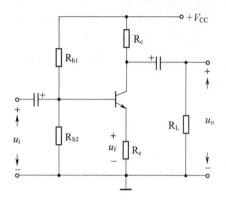

图 5-18 电流串联负反馈电路的估算

$$u_f = i_e R_e \tag{5-20}$$

输出电压为

$$u_o = -i_c(R_c // R_L) \tag{5-21}$$

电压增益为

$$A_{uf} = \frac{u_o}{u_i} = \frac{u_o}{u_f} \approx -\frac{(R_c // R_L)}{R_e} \tag{5-22}$$

4) 电流并联负反馈电路

例 5-7 如图 5-19 所示的反馈放大电路,试估算电路的电压增益。

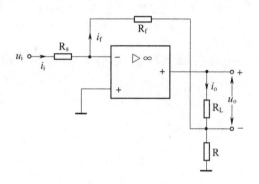

图 5-19 电流并联负反馈电路的估算

解:分析电路可知,电路引入了电流串联负反馈,故 $i_i \approx i_f$。
由图可知

$$i_f \approx -\frac{u_R}{R_f} = -\frac{(i_f + i_o)R}{R_f} \tag{5-23}$$

又因为 R_f 和 R 可看做并联,则 i_f 为 R_f 对 i_o 的分流,即

$$i_f \approx -\frac{u_R}{R_f} = -\frac{i_o R}{R + R_f} \tag{5-24}$$

因为
$$i_i \approx \frac{u_s}{R_s}, u_o = i_o R_L \tag{5-25}$$

所以
$$u_s = i_s R_s = i_f R_s \tag{5-26}$$

$$u_o = i_o R_L = -\frac{(R+R_f)R_L}{R}i_f \tag{5-27}$$

因此，电压增益为
$$A_{uf} = \frac{u_o}{u_s} = -\frac{(R+R_f)R_L}{R \cdot R_s} \tag{5-28}$$

本 章 小 结

（1）反馈的实质是输出量的一部分或者全部经过一定的电路送回到输入回路，并对电路产生影响的过程。若反馈信号削弱原来的输入信号，使放大倍数降低，则为负反馈；反之为正反馈。常用"瞬时极性法"来判断反馈的极性。

（2）反馈闭环增益的一般表达式为 $\dot{A}_f = \dot{A}/(1+\dot{A}\dot{F})$，$\dot{A}$ 和 $\dot{F}$ 分别为开环增益和反馈系数。$(1+\dot{A}\dot{F})$ 为闭环放大电路的反馈深度，它是衡量放大电路反馈强弱的一个重要指标。

（3）反馈类型按输出端采样的方式可分为电压反馈和电流反馈，常用负载短路法或负载开路法判别；按输入端的连接方式分为串联反馈和并联反馈，可直接观察判别，看反馈元件与输入端是否同端点。

（4）负反馈的引入可以改善放大电路的性能。例如直流负反馈可以稳定静态工作点；交流负反馈可以提高放大倍数的稳定性、减小非线性失真、扩展通频带、改变输入和输出电阻等。利用负反馈对放大电路性能的影响，可以根据电路的要求，在电路中正确的引入负反馈。若需要稳定输出电压，应引入电压负反馈；若需要稳定输出电流，应引入电流负反馈。

（5）在深度负反馈条件下，反馈量 X_f 近似等于输入量 X_i，放大器的闭环增益可用 $A_f \approx \frac{1}{F}$ 来估算。如果求解电压增益，可以根据具体电路，列写输出电压和输入电压的表达式进行估算。

思考与练习题

一、填空题

1. 放大电路无反馈称为_____，放大电路有反馈称为_____。

2. _____可以稳定静态工作点，_____可以改善放大电路的交流性能。

3. 交流负反馈有四种组态,分别是_____、_____、_____和_____。

4. 为稳定输出电压,应引入_____反馈；为稳定输出电流,应引入_____反馈。要提高输入电阻,应引入_____反馈；要减小输入电阻,应引入_____反馈。

5. 交流负反馈的引入可以_____放大倍数的稳定性,_____非线性失真,_____通频带。

6. 当负载发生变化时,要稳定输出电流,且提高输入电阻,应引入_____。

7. 某放大电路引入负反馈后的增益减小为开环增益的 1/4,则其通频带_____。

8. 引入深度负反馈后,放大电路的净输入信号近似为_____,反馈信号与输入信号_____。

9. 在深度负反馈下,闭环增益仅与_____有关。

二、分析与判断题

1. 如图 5-20 所示,试分析各电路的反馈类型:是正反馈还是负反馈？是直流反馈还是交流反馈？

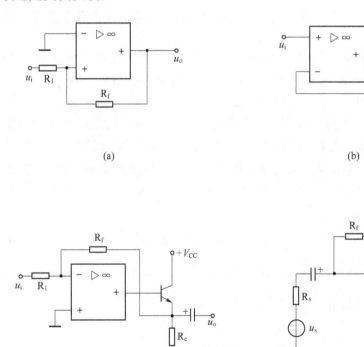

(a)　　　　　　　　　　　(b)

(c)　　　　　　　　　　　(d)

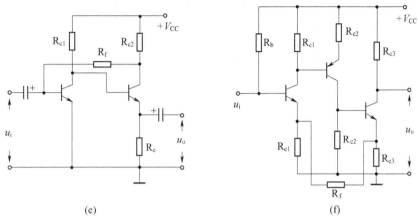

(e)   (f)

图 5-20　题 1、2 图

2. 试判别图 5-20 中各电路交流负反馈的组态：是电压反馈还是电流反馈？是串联反馈还是并联反馈？

三、作图与计算题

1. 如图 5-21 所示，按照要求正确连接放大电路、信号源及 R_f。

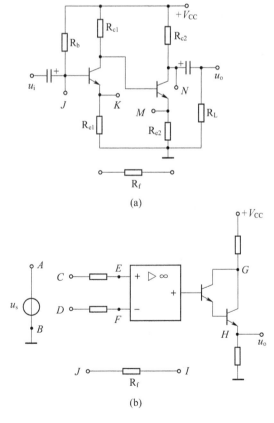

(a)

(b)

图 5-21　题 1 图

（1）希望提高带负载能力,减小对信号源的影响,该如何连接？

（2）希望能稳定输出电流,减小输入电阻,该如何连接？

2. 如图5-22所示深度负反馈放大电路,试估算电路的电压放大倍数。如果输入信号电压 $u_i = 100\text{mV}$,求输出电压 u_o。

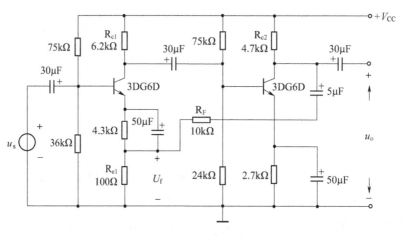

图 5-22 题 2 图

3. 估算图 5-20 中(d)、(e)、(f)所示电路深度负反馈下的闭环增益 A_f。

4. 有一负反馈放大器,当输入电压为 0.1V 时,输出电压为 4V,而在开环时,对于 0.1V 的输入电压,其输出电压则有 8V。试计算其反馈深度和反馈系数。

5. 一个电压串联负反馈放大电路,已知 $A = 10^3$,$F = 0.099$。

（1）试计算 A_f。

（2）如果输入信号 $u_i = 0.1\text{V}$,试计算净输入信号 u_{id}、反馈信号 u_f 和输出信号 u_o 的值。

第6章 集成运算放大器及其应用

【学习目标】
(1) 了解差分放大电路的结构、工作原理、相关参数的分析与计算。
(2) 了解集成运算放大器(简称集成运放)的基本组成及其主要参数的意义。
(3) 了解有源滤波器的工作原理。
(4) 理解运算放大器的电压传输特性和理想运算放大器的含义,并掌握其基本分析方法。
(5) 理解用集成运放组成的比例、加减、微分和积分等运算电路的工作原理,并掌握其基本应用。

运算放大器是一种高增益的多级直接耦合放大器。由于这种放大器最初用在模拟计算机中以实现各种数学运算,故称为运算放大器。目前,人们把晶体管、电阻等元件集成在微小的硅片上,形成了集成运算放大器。集成运算放大器的体积很小、价格低廉、使用方便,被广泛地应用在自动控制、测量、模拟计算等方面,成为模拟电子技术领域中最重要的有源器件。

6.1 差分放大电路

6.1.1 零点漂移

多级直接耦合放大器由于省去了级间耦合电容,因而能够放大缓慢变化的信号,故又称为直流放大器。因为直接耦合放大器能够放大缓慢变化的信号,所以,如果温度变化等因素引起某一级工作点发生变化,就会被后面的电路逐级放大,使输出电平偏离原来的数值。呈现出来的现象就是:当放大器输入端短路时,输出电平仍在不规则地变化,这就是零点漂移,简称零漂。显然这种输出反映的不是输入信号的输出,但这种假象将会造成测量误差,或使自动控制系统发生错误的动作,导致危险,严重时,将会淹没真正有用的信号。由于输入级所产生的零点漂移将被后面的各级放大,对输出端产生的影响最为严重,所以抑制零点漂移的首要任务就是设计一种漂移极小的输入级。

零点漂移分为温度漂移和时间漂移两种,两者相比,温度漂移更主要。克服零点漂移的方法很多,其中最简便而有效的方法就是采用差分放大电路。

6.1.2　基本差分放大电路

1. 电路组成

将两个电路结构、参数均相同的共射极单管放大电路组合在一起,就成为差分放大电路的基本形式,如图 6-1 所示。输入电压分别加在两管的基极,输出电压等于两管的集电极电位之差。

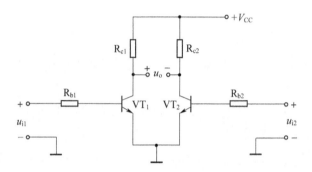

图 6-1　基本差分放大电路

2. 抑制零点漂移的原理

静态时,由于电路完全对称,无论是温度变化或者是电源电压的波动,对两个晶体管的影响都是相同的,因此两管的集电极电位时时相等,输出电压 $u_o=0$。由此可知,虽然温度变化或电源电压波动对每个管子都产生了零点漂移,但在输出端两个管子的集电极电压的变化互相抵消了,所以抑制了输出电压的零点漂移。

6.1.3　长尾式差分放大电路

基本差分放大电路是靠两边单管放大电路的对称来抑制零点漂移的,而每个单管放大电路的零点漂移并未受到抑制,只不过是两边的零点漂移相同,在输出时抵消了。如果采用单端输出(即在一个管子的集电极和地之间接负载),则每个晶体管的零点漂移仍能反映到输出上。为了减小每个晶体管的零点漂移,现在常用的是长尾式差分放大电路。

1. 电路组成

在图 6-1 的基础上,两管的发射极接入一个发射极电阻 R_e,R_e 用来抑制零点漂移,其工作原理与第 2 章介绍的 R_e 稳定静态工作点原理基本相同,如图 6-2 所示。这个电阻一般称为"长尾",这种电路称为长尾式差分放大电路。

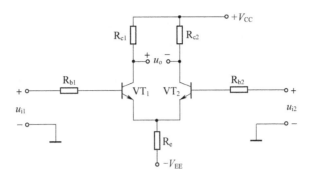

图 6-2 长尾式差分放大电路

2. 静态分析

由于两边单管放大电路结构对称 $R_{b1} = R_{b2} = R_b$，$R_{c1} = R_{c2} = R_c$，所以有 $U_{BE1} = U_{BE2} = U_{BE}$，$I_{B1} = I_{B2} = I_B$，$I_{C1} = I_{C2} = I_C$，$\beta_1 = \beta_2 = \beta$，$U_{C1} = U_{C2} = U_C$，故只需分析单边放大电路即可。

$$I_B = \frac{V_{EE} - U_{BE}}{R_b + 2(1+\beta)R_e} \quad (6-1)$$

$$I_C = \beta I_B \quad (6-2)$$

$$I_E = (1+\beta)I_B \quad (6-3)$$

$$U_{CE} = V_{CC} - I_C R_c - 2I_E R_e + V_{EE} \quad (6-4)$$

3. 动态分析

1）差模输入动态分析

在放大器两输入端分别输入大小相等、相位相反的信号，即 $u_{i1} = -u_{i2}$，这种输入方式称为差模输入，所输入的信号称为差模输入信号，用 u_{id} 来表示，$u_{id} = u_{i1} - u_{i2} = 2u_{i1}$。

图 6-2 中，在输入差模信号 u_{id} 时，由于电路的对称性，使得 VT_1 和 VT_2 两管的发射极电流为一增一减的状态，而且增减的幅度相同。显然，此时 R_e 上的电流没有变化，说明 R_e 对差模信号没有作用，在 R_e 上既无差模信号的电流也无差模信号的电压，因此画差模信号交流通路时，将 R_e 短路，VT_1 和 VT_2 的发射极是直接接地的，如图 6-3 所示。

由图 6-3 看出，在输入差模信号时，两管集电极对地输出电压 u_{o1} 和 u_{o2} 也是一升一降的变化，因而 VT_1 管集电极输出电压 u_{o1} 与 VT_2 管集电极输出电压 u_{o2} 大小相等、极性相反，即 $u_{o2} = -u_{o1}$，两管集电极之间输出差模电压为 $u_{od} = u_{o1} - u_{o2} = 2u_{o1}$。

双端输入、双端输出差分放大电路的差模电压放大倍数为

$$A_{ud} = \frac{u_{od}}{u_{id}} = \frac{2u_{o1}}{2u_{i1}} = \frac{u_{o1}}{u_{i1}} = A_{ud1} \quad (6-5)$$

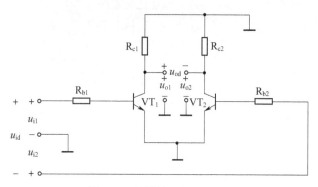

图 6-3 差模输入交流通路

式(6-5)说明,双端输入、双端输出差分放大电路的差模电压放大倍数与 VT_1 管组成的单边共射极放大电路的电压放大倍数相等,有

$$A_{ud} = \frac{-\beta R_c}{R_b + r_{be}} \quad (6-6)$$

若图 6-3 中,在两管集电极之间接入负载电阻 R_L 时,由于 $u_{o2} = -u_{o1}$,必有 R_L 的中心位置为差模电压输出的交流"地",因此每边电路的交流等效负载电阻 $R'_L = R_c // \dfrac{R_L}{2}$,这时差模电压放大倍数变为

$$A_{ud} = \frac{-\beta R'_L}{R_b + r_{be}} \quad (6-7)$$

差模信号输入时,从差分放大电路的两个输入端看进去所呈现的等效电阻,称为差分放大电路的差模输入电阻,由图 6-3 得

$$r_{id} = 2r_{i1} = 2(R_b + r_{be}) \quad (6-8)$$

差分放大电路两管集电极之间对差模信号所呈现的等效电阻,称为差分放大电路的差模输出电阻,由图 6-3 得

$$r_{od} = 2R_{o1} = 2R_c \quad (6-9)$$

2) 共模输入动态分析

在放大器两输入端分别输入大小相等、相位相同的信号,即 $u_{i1} = u_{i2}$,这种输入方式称为共模输入,所输入的信号称为共模输入信号,用 u_{ic} 来表示,$u_{ic} = u_{i1} = u_{i2}$。

图 6-4 中,在共模信号的作用下,VT_1 管和 VT_2 管相应电量的变化完全相同,共模输出电压 $u_{oc} = u_{o1} - u_{o2} = 0$,因而共模电压放大倍数 $A_{uc} = 0$。同时通过 R_e 的电流是单管工作时的两倍,因而它产生的电压降也是单管工作时的 2 倍,即 R_e 对共模信号的抑制作用是单管工作时的 2 倍。

3) 共模抑制比

实际应用中,差分放大电路往往做不到两边电路完全对称,然而应用中总希

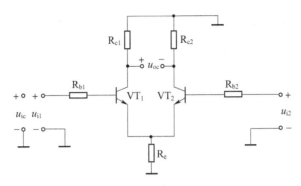

图 6-4 共模输入交流通路

望共模电压放大倍数越小越好,为了全面衡量差分放大电路对差模信号的放大能力和对共模信号的抑制能力,通常采用共模抑制比 K_{CMR} 来表示。它定义为

$$K_{\text{CMR}} = \left| \frac{A_{\text{ud}}}{A_{\text{uc}}} \right| \quad (6-10)$$

K_{CMR} 值越大,表明电路抑制共模信号的性能越好。在工程上,常用分贝表示为

$$K_{\text{CMR}} = 20\lg \left| \frac{A_{\text{ud}}}{A_{\text{uc}}} \right| (\text{dB}) \quad (6-11)$$

上式表明差分放大电路的差模电压放大倍数越大、共模电压放大倍数越小,则该电路的共模抑制比就越大,也就是说该电路抑制共模信号的能力越强。由于完全对称的差分放大电路双端输出时的共模电压放大倍数等于零,所以理想差分放大电路双端输出时共模抑制比等于无穷大。

6.1.4 具有调零电路的差分放大电路

在实际电路中,难以做到参数理想对称,常用一阻值很小的电位器加在两只管子发射极之间,如图 6-5 中的 R_W。调节电位器的滑动端位置便可使电路在 $u_{i1} = u_{i2} = 0$ 时,$u_\text{o} = 0$,所以常称 R_W 为调零电位器。应当指出,如果必须用大阻值的 R_W 才能调零,则说明电路参数对称性太差,必须重新选择电路元件。

6.1.5 差分放大电路的四种接法

前面所讲的差分放大电路,均为双端输入、双端输出接法。而在实际的电子电路中,经常需要把信号的一端接地使用。为了适应这种需要,差分放大电路还有双端输入、单端输出,单端输入、双端输出,单端输入、单端输出几种接法。这些接法是不对称的,又称为不对称接法的差分放大电路。

1. 单端输入的差分放大电路

所谓单端输入,就是差分放大电路的输入信号从一个输入端与地之间加入,另一个输入端接地,如图 6-6 所示。

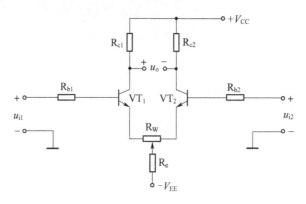

图 6-5　具有调零电路的差分放大电路

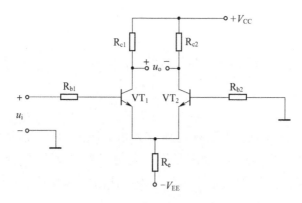

图 6-6　单端输入差分放大电路

这种输入方式可以看成 $u_{i1}=u_i$,$u_{i2}=0$,不妨进行如下等效变换。$u_{i1}=\dfrac{u_i}{2}+\dfrac{u_i}{2}$,$u_{i2}=\dfrac{u_i}{2}-\dfrac{u_i}{2}$。不难看出,同双端输入一样,左右两边分别获得的差模信号为 $\dfrac{u_i}{2}$、$-\dfrac{u_i}{2}$;但与此同时,两边输入了 $\dfrac{u_i}{2}$ 的共模信号。

由此可以看出,单端输入的差分放大电路,实际上可以等效为一个双端输入的差分放大电路。因此,对差模信号而言,其电压放大倍数、输入电阻和输出电阻的求法与双端输入的差分放大电路相同。

2. 单端输出的差分放大电路

所谓单端输出,就是差分放大电路的输出信号从一个晶体管的集电极与地之间取出,如图 6-7 所示。由于所取的晶体管不同,输出信号与输入信号的相位关系也就不同,所以输出方式有同相输出和反相输出之分。

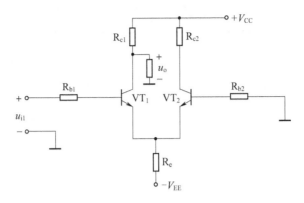

图 6-7 单端输出差分放大电路

综上所述,将基本差分放大电路的四种接法的比较列入表 6-1 中。

例 6-1 如图 6-2 所示,已知 $\beta_1 = \beta_2 = \beta = 50, V_{CC} = 12V, V_{EE} = 12V, R_{b1} = R_{b2} = R_b = 20k\Omega, R_{c1} = R_{c2} = R_c = 10k\Omega, R_e = 10k\Omega, R_L = 10k\Omega$。试求:

(1) 静态工作点。

(2) R_L 接在 VT_1 管和 VT_2 管集电极之间时的双端输出差模电压放大倍数 A_{ud}。

(3) R_L 接在 VT_1 管集电极时的单端输出差模电压放大倍数 A_{ud}。

(4) R_L 接在 VT_1 管集电极时的单端输出共模电压放大倍数 A_{uc}。

(5) R_L 接在 VT_1 管集电极时的单端输出共模抑制比 K_{CMR}。

解: (1) $I_{BQ} = \dfrac{V_{EE} - U_{BEQ}}{R_b + (1+\beta) 2R_e} = 11\mu A$

$I_{CQ} = \beta I_{BQ} = 0.55 mA$

$I_{EQ} \approx I_{CQ} = 0.55 mA$

$U_{CEQ} = U_{CC} - R_c I_C - 2R_e I_E + V_{EE} = 7.5V$

(2) 双端输出差模电压放大倍数 A_{ud}。

$$r_{be} = 300 + (1+\beta)\dfrac{26}{I_{EQ}} = 2.7k\Omega$$

$$A_{ud} = -\dfrac{\beta R'_L}{R_b + r_{be}} = -7.3 \quad (R'_L = R_c // \dfrac{R_L}{2})$$

(3) 单端输出差模电压放大倍数 A_{ud}。

$$A_{ud} = -\dfrac{1}{2}\dfrac{\beta R'_L}{R_b + r_{be}} = -5.5 \quad (R'_L = R_c // R_L)$$

(4) 单端输出共模电压放大倍数 A_{uc}。

$$A_{uc} = -\dfrac{\beta R'_L}{R_b + r_{be} + (1+\beta) 2R_e} = -0.24 \quad (R'_L = R_c // R_L)$$

表 6-1 差分放大电路四种接法之比较

接法性能	双端输入 双端输出	单端输入 双端输出	双端输入 单端输出	单端输入 单端输出
电路图	(电路图)	(电路图)	(电路图)	(电路图)
A_{ud}	$\dfrac{\beta R'_L}{R_b+r_{be}}$	$\dfrac{R'_L}{2} // R_C$	$\dfrac{\beta R'_L}{2(R_b+r_{be})}$	$R'_L = R_L // R_C$
A_{uc}	0		$\dfrac{\beta R'_L}{R_b+r_{be}+2(1+\beta)R_e}$	
K_{CMR}	∞		$\approx \dfrac{\beta R_e}{R_b+r_{be}}$	
r_{id}	$2(R_b+r_{be})$		$2(R_b+r_{be})$	
r_{od}	$2R_C$		R_C	
应用场合	适用于输入信号及负载的两端均不接地的情况，常用作直接耦合放大器的输入级或中间级	适用于将单端输入转换为双端输出，常用作直接耦合放大器的输入级或中间级	适用于将双端输入转换为单端输出，常用作直接耦合放大器的输入级或中间级	适用于输入、输出均要求接地的情况；通过从不同的放大管输出，可使 A_{ud} 为正负值

（5）单端输出共模抑制比 K_{CMR}。

$$K_{CMR} = \left|\frac{A_{ud}}{A_{uc}}\right| = \left|\frac{5.5}{0.24}\right| = 22.9$$

6.2 集成运算放大器

将运算放大器的组成元件及其相互之间的连线通过半导体特殊工艺同时制作在一块半导体芯片上,再封装在塑料或金属外壳内,成为管路一体,这就是集成运算放大器。集成运算放大器是模拟集成电路中使用最为广泛一种,通常简称为集成运放。

6.2.1 集成运放的组成、符号及外形

1. 集成运放的组成

集成运放一般可以分为输入级、中间级、输出级和偏置电路四个部分,如图6-8所示。

图6-8 集成运算放大器组成结构图

集成运放的输入级一般采用高性能的差分放大电路。具有较高的输入电阻和较大的放大倍数,有同相和反相两个输入端,对共模信号有很强的抑制作用,具有很强的抑制温漂的能力。

中间级一般采用带有源负载的共射级放大电路,电压放大倍数较大,运放的电压放大主要由中间级完成。

输出级多采用互补对称功率放大电路,具有较低的输出电阻,其作用是实现功率的放大,提高运放带负载的能力。

偏置电路一般为恒流源,用来向各级电路提供稳定的电流,以稳定各级的静态工作点。

2. 集成运放的符号及外形

集成运放的符号如图6-9所示,符号有两个输入端 u_- 和 u_+ 及一个输出端 u_o,其中 u_- 为反相输入端,该端输入的信号的极性与输出端相反,标"-"号;u_+ 为同相输入端,该端的输入信号的极性与输出端相同,标"+"号;输出端也标"+"号,符号

中的"▷"表示放大功能,"∞"表示集成运放的开环电压放大倍数的理想值为无穷大。在有些地方,也将集成运放的符号画做如图 6-10 所示的形式。

图 6-9　集成运放的符号　　　　　图 6-10　集成运放的习惯符号

集成运放常用的封装形式有金属圆壳封装和塑料双列直插式封装两种,其基本外形如图 6-11 所示,其中金属圆壳封装的集成运放有 8、10、12 脚等类型,塑料双列直插式封装的集成运放有 8、10、12、14、16 脚等类型。

图 6-11　集成运放外形示意图

6.2.2　集成运放的种类

现在的集成运放使用的范围非常广泛,种类很多,性能各异,常用的有以下几类。

1. 通用型

通用型集成运放的使用最为广泛,因为以满足一般性使用为目的,此类集成运放各项参数适中,没有特别突出的指标,价格低廉,产量也很大,广泛应用于没有特殊需要的场合。

2. 低功耗型

低功耗型集成运放需要的供电电压较低,一般只有几伏,功耗也很低,往往只有几毫瓦,有的甚至能达到微瓦级,此类集成运放在便携式仪器中应用广泛。

3. 高阻型

高阻型集成运放的差模输入阻抗非常高,一般为 $10^{12}\Omega$ 以上。同时这种集成运放的输入偏置电流非常小,一般在几皮安至几十皮安之间,适用于小电流和高阻抗测量电路。

4. 高压型

高压型集成运放的工作电压较高,一般在±20V 以上。有的可以达到 100V 以上。与之相对应,高压型集成运放的输出电压也较高,一般比其工作电压低 2V 左右,主要用于需要较高电压输出的场合。

5. 高速型

高速型集成运放能对输入电压进行快速跟踪,其转换速率很高,通常要比通用型高几十倍,一般在几十伏每微秒至几千伏每微秒之间。此类集成运放主要应用于高速模数转换电路和高速数据采集系统中。

6. 高精度型

高精度型集成运放的失调电压和失调电流很小,一般要比通用型小两个数量级,同时这种集成运放的温度漂移也很小,噪声很低,开环增益和共模抑制比非常高,适用于微弱信号的检测。此类集成运放主要应用在精密测试系统和精密信号传送系统中。

在选用集成运放时应该按照实际的需要进行选择,如果没有特别的要求,一般选用通用型集成运放。

6.2.3 集成运放的主要参数

集成运放的各项参数反映了其性能,是选用集成运放的重要依据,下面介绍其主要参数。

1. 开环差模电压放大倍数 A_{ud}

开环差模电压放大倍数是指集成运放在开环时,即没有外加反馈时对差模电压信号的放大倍数,其数学表达式为

$$A_{ud} = \frac{u_o}{u_+ - u_-} \qquad (6-12)$$

A_{ud} 反映了集成运放的电压放大能力,是决定集成运放运算精度的主要参数,A_{ud} 的值越大,集成运放的运算精度越高,工作也越稳定,理想的 A_{ud} 应趋于无穷大,实际的 A_{ud} 也很大。一般在 $10^4 \sim 10^7$ 之间。通常用分贝作为 A_{ud} 的单位,即 $20\lg|A_{ud}|$。

2. 共模开环电压放大倍数 A_{uc}

共模开环电压放大倍数是指集成运放在开环时对共模电压信号的放大倍数,A_{uc} 反映了集成运放抗共模干扰的能力,其值越小越好,理想的 A_{uc} 应趋于 0。

3. 共模抑制比 K_{CMR}

共模抑制比是指开环差模电压放大倍数 A_{ud} 与共模开环电压放大倍数 A_{uc} 之比的绝对值,其数学表达式为

$$K_{CMR} = \left| \frac{A_{ud}}{A_{uc}} \right|$$

以分贝为单位表示即为

$$K_{\text{CMR}} = 20\lg\left|\frac{A_{\text{ud}}}{A_{\text{uc}}}\right|$$

共模抑制比全面反映了集成运放对差模信号的放大能力和对共模信号的抑制能力,其值越大越好。理想的 K_{CMR} 应趋于无穷大。实际集成运放的 K_{CMR} 一般会大于80dB。

4. 最大输出电压 u_{opp}

最大输出电压是指在额定的电压下,集成运放的最大不失真输出电压的峰峰值。

5. 差模输入电阻 r_{id}

差模输入电阻是指在集成运放对差模信号进行放大时的输入电阻,即从输入端看进去的等效电阻。r_{id} 越大,集成运放的输入电流越小,即从差模信号源索取的电流越小,集成运放的运算的精度就越高,通常 r_{id} 可达几兆欧姆。

6. 开环输出电阻 r_{o}

开环输出电阻是指集成运放在开环时的输出电阻,即从输出端和地看的等效电阻,r_{o} 越小,集成运放带负载的能力就越大。

7. 输入失调电压 U_{IO}

理论上来讲,集成运放的输入电压为零时,输出电压也应该为零,实际的集成运放很难达到这种效果,在输入电压为零时也有电压输出。为了使集成运放的输出电压为零而在输入端加上的补偿电压值即为输入失调电压 U_{IO}。U_{IO} 的值反映了集成运放输入电路参数的对称程度,U_{IO} 越小,就说明电路的对称性越好,U_{IO} 一般为毫伏级。

6.2.4 理想集成运放的性能指标

各项性能指标都是理想状态的集成运放,称为理想集成运放,理想集成运放的性能指标如下:

(1) 开环差模电压放大倍数 $A_{\text{ud}} \to \infty$。
(2) 差模输入电阻 $r_{\text{id}} \to \infty$。
(3) 开环输出电阻 $r_{\text{o}} \to 0$。
(4) 共模抑制比 $K_{\text{CMR}} \to \infty$。

将集成运放看成理想集成运放后,能够使电路的分析大为简化。虽然相对于实际的情况会有一些误差,但是这些误差一般都不大,不会影响到工程的应用,所以在对集成运放分析时都将其看成理想集成运放。

根据理想集成运放的性能指标,可以得出理想集成运放时的两个重要特征:

(1) 由于运放的输出电压 u_o 是一个有限值,而按照理想集成运放的性能指标,其开环差模电压放大倍数 A_{ud} 无穷大,又有 $u_o=A_{ud} \cdot u_{id}=A_{ud}(u_+-u_-)$,则可得

$$u_+ - u_- = \frac{u_o}{A_{ud}} = \frac{u_o}{\infty} \approx 0$$

$$u_+ = u_- \tag{6-13}$$

即同相输入端和反相输入端的电位近似相等,可以等同于短路,但是这两个输入端其实并没有短路,故称输入端"虚短"。

(2) 由于理想集成运放的开环差模输入电阻 r_{id} 趋于无穷大,即从输入端看的电阻趋于无穷大,这相当于两个输入端之间断路,同样其实两个输入端并没有断开,故称输入端"虚断"。这样同相输入电流 i_+ 和反相输入电流 i_- 满足如下关系:

$$i_+ = i_- \approx 0 \tag{6-14}$$

式(6-13)和式(6-14)是分析理想运放线性应用电路的两个基本依据,一些相关的推导和运算都是从这两个基本依据展开的。

6.2.5 集成运放的电压传输特性

集成运放的电压传输特性可以用反映其输入电压(u_+-u_-)和输出电压(u_o)关系的特性曲线来表示。

对于理想的集成运放,由于其开环差模电压放大倍数 A_{ud} 趋于无穷大,只要在输入端的电压不为零,运放就可以将其放大至其能够输出的最大值,即使集成运放的输出达到其饱和值,这个输出电压的饱和值用 $\pm U_{o(sat)}$ 表示,其值接近供电电源 $\pm V_{CC}$ 的值。

理想集成运放的电压传输特性如图 6-12 所示,只要输入端有电压输入,不论这个电压值多小,理想集成运放的输出就会达到饱和值。理想集成运放的输出只有两种可能,即

当 $u_+ > u_-$ 时,$u_o = + U_{o(sat)}$

当 $u_+ < u_-$ 时,$u_o = - U_{o(sat)}$

对于实际的集成运放,其 A_{ud} 是一个有限值,在一定的范围内输入电压和输出电压会按照 $u_o=A_{ud}(u_+-u_-)$ 的关系变化,即输出电压和输入电压成正比,但是由于 A_{ud} 的值通常很大,随着输入电压的增大,u_o 会很快的达到饱和值,即符合 $u_o=A_{ud}(u_+-u_-)$ 关系的范围会非常小。

实际集成运放的输出电压传输特性曲线如图 6-13 所示,在 $u_+-u_-=0$ 为中心的很小的范围内,u_o 随着(u_+-u_-)的变化而变化,成正比关系,图线为一条斜线,这个区域称为线性区。在线性区之外,输出电压达到饱和值,这时,输出电压与输入电压不成正比关系。线性区之外的区域称为非线性区。

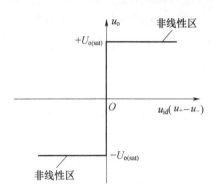

图 6-12 理想集成运放的电压传输特性

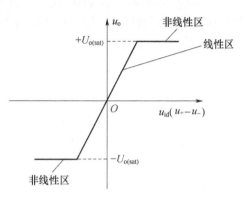

图 6-13 实际集成运放的电压传输特性

要使集成运放实现正常的放大功能,需要使其工作在线性区。但是集成运放的线性区很窄,只要有很微小的信号就会使其输出电压达到饱和值,无法正常工作。在实际使用中一般认为,集成运放只有在加上深度负反馈时才会工作在线性区。

6.3 集成运算放大器的线性应用

集成运放最早的应用是进行各种信号的运算,故称为运算放大器。在运算电路中,以输入电压为自变量,以输出电压作为函数,当输入电压发生变化时,输出电压反映输入电压某种运算的结果,因此,集成运放必须工作在线性区,在深度负反馈的条件下,利用反馈网络可以实现各种数学运算。运算电路一般是在集成运放的基础上外接电阻、电容等元件组成。

本节中的集成运放都看作是理想运放,因此,在分析时,要特别注意"虚短"和"虚断"这两个特点的运用。

6.3.1 比例运算电路

1. 反相比例运算电路

电路如图 6-14 所示,由于运放的同相端经电阻 R_2 接地,利用"虚断"的概念,该电阻上没有电流,所以没有电压降,也就是说运放的同相端是接地的,利用"虚短"的概念,同相端与反相端的电位相同,故反相端与地端等电位,由于没有实际接地,所以称为"虚地"。

利用"虚断"概念,由图得

$$i_1 = i_f$$

利用"虚地"概念有

$$i_1 = \frac{u_i - u_-}{R_1} = \frac{u_i}{R_1}$$

$$i_f = \frac{u_- - u_o}{R_f} = -\frac{u_o}{R_f}$$

由此可得

$$u_o = -\frac{R_f}{R_1}u_i \qquad (6-15)$$

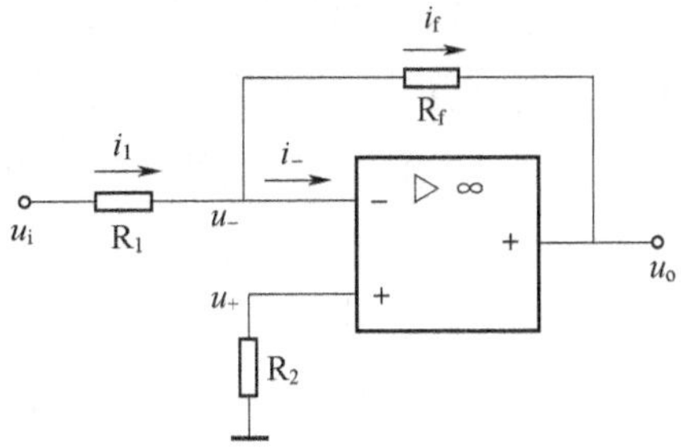

图 6-14 反相比例运算电路

$$A_{uf} = \frac{u_o}{u_i} = -\frac{R_f}{R_1} \qquad (6-16)$$

上式表明,输出电压与输入电压是比例运算关系,式中负号表明二者反相。

图中 R_2 是一个平衡电阻,$R_2 = R_1 // R_f$,其作用是消除静态基极电流对输出电压的影响。因为引入了电压并联负反馈,故输出电压稳定,且输入电阻比较小,$r_{if} = R_1$。

在图 6-14 中,当 $R_f = R_1$ 时,由式(6-15)和式(6-16)可得

$$u_o = -u_i$$

$$A_{uf} = \frac{u_o}{u_i} = -1 \qquad (6-17)$$

此时反相比例运算电路就变为反相器。

2. 同相比例运算电路

如图 6-15 所示为同相比例运算电路,其输入信号是从同相输入端引入的,图中 R_2 是一个平衡电阻,$R_2 = R_1 // R_f$。

利用"虚断"和"虚短"的概念有

$$i_1 = i_f$$

$$u_- = u_+ = u_i$$

$$i_1 = -\frac{u_-}{R_1} = -\frac{u_i}{R_1}$$

$$i_f = \frac{u_- - u_o}{R_f} = \frac{u_i - u_o}{R_f}$$

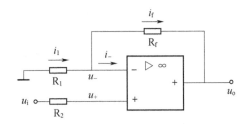

图 6-15 同相比例运算电路

由此可得

$$u_o = \left(1 + \frac{R_f}{R_1}\right)u_i \qquad (6-18)$$

$$A_{uf} = \frac{u_o}{u_i} = 1 + \frac{R_f}{R_1} \qquad (6-19)$$

由于是串联反馈电路，所以输入电阻很大，理想情况下 $r_i = \infty$。由于信号加在同相输入端，而反相端和同相端电位一样，所以输入信号对于运放电路而言是共模信号，这就要求运放电路有好的共模抑制能力。

若将反馈电阻 R_f 和电阻 R_1 去掉，并将反相输入端断开，就成为如图 6-16 所示的电路，该电路的输出全部反馈到输入端，是电压串联负反馈。因 $R_1 = \infty$、$R_f = 0$，由式(6-19)可知 $u_o = u_i$，也就是输出电压跟随输入电压的变化而变化，简称电压跟随器。

由以上分析可知，在分析运算关系时，应该充分利用"虚断"和"虚短"的概念，首先列出关键节点的电流方程，这里的关键节点是指那些与输入、输出电压发生联系的节点，例如集成运放的同相、反相节点，最后对所列表达式进行整理，即得到输出电压的表达式。

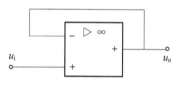

图 6-16 电压跟随器

6.3.2 加法运算电路

如果在反相输入端增加若干条输入电路，则构成反相加法运算电路，如图 6-17 所示。

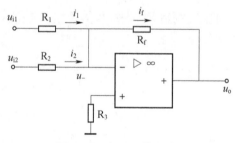

图 6-17 加法运算电路

由"虚断"的概念有

$$i_1 + i_2 = i_f$$

式中：$i_1 = \dfrac{u_{i1}}{R_1}$，$i_2 = \dfrac{u_{i2}}{R_2}$，$i_f = -\dfrac{u_o}{R_f}$。

由上列各式可得

$$u_o = -R_f \left(\dfrac{u_{i1}}{R_1} + \dfrac{u_{i2}}{R_2} \right) \tag{6-20}$$

当 $R_1 = R_2 = R$ 时，则上式为

$$u_o = -\frac{R_f}{R}(u_{i1} + u_{i2}) \qquad (6-21)$$

当 $R_1 = R_2 = R_f$ 时，则

$$u_o = -(u_{i1} + u_{i2}) \qquad (6-22)$$

由上列三式可知，加法运算电路与运算放大器本身的参数无关，只要相关电阻阻值足够精确，就可确保加法运算的精度和稳定性。该电路最大的特点是便于调节，因为同相端接地，反相端是"虚地"。平衡电阻 $R_3 = R_1 // R_2 // R_f$。

6.3.3 减法运算电路

如果两个输入端都有信号输入，则为差动输入，利用差动输入可实现减法运算，其电路如图 6-18 所示。由图可得

$$\frac{u_{i1} - u_-}{R_1} = \frac{u_- - u_o}{R_f}$$

$$\frac{u_{i2} - u_+}{R_2} = \frac{u_+}{R_3}$$

由于 $u_- = u_+$，所以

$$u_o = \left(1 + \frac{R_f}{R_1}\right)\left(\frac{R_3}{R_2 + R_3}\right)u_{i2} - \frac{R_f}{R_1}u_{i1}$$

$$(6-23)$$

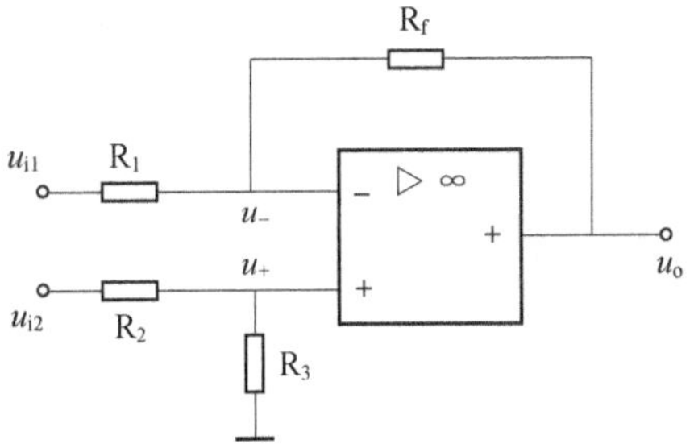

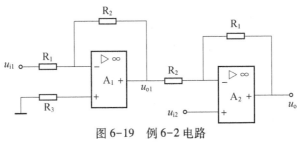

图 6-18 减法运算电路

当 $R_1 = R_2 = R_3 = R_f$ 时，则

$$u_o = u_{i2} - u_{i1} \qquad (6-24)$$

例 6-2 试写出如图 6-19 所示电路中输出电压与输入电压的关系，图中 $R_3 = R_1 // R_2$。

图 6-19 例 6-2 电路

解：图 6-19 电路由反相比例运算电路 A_1 和减法运算电路 A_2 两级电路组成，故

$$u_{o1} = -\frac{R_2}{R_1}u_{i1}$$

$$u_o = -\frac{R_1}{R_2}u_{o1} + \left(1 + \frac{R_1}{R_2}\right)u_{i2}$$

$$= -\frac{R_1}{R_2}\left(-\frac{R_2}{R_1}\right)u_{i1} + \left(1 + \frac{R_1}{R_2}\right)u_{i2}$$

$$= u_{i1} + \left(1 + \frac{R_1}{R_2}\right)u_{i2}$$

上式表明,图 6-19 电路是一个加法运算电路,且是同相的。

6.3.4 积分与微分电路

1. 基本积分运算电路

如图 6-20 所示为基本积分运算电路,其中平衡电阻 $R'=R$。

由"虚地"和"虚断"的概念,得

$$i_1 = i_c = \frac{u_i}{R}$$

$$u_o = -u_c = -\frac{1}{C}\int i_c \, dt = -\frac{1}{RC}\int u_i \, dt$$

(6-25)

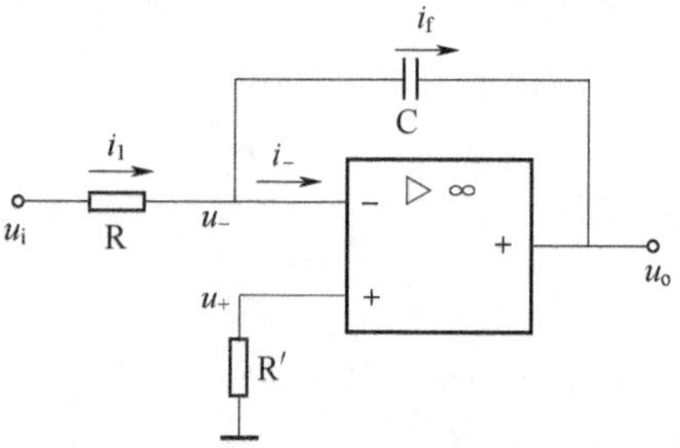

若输入电压为常数,且初始时刻电容器两端的电压为零,则有

图 6-20 基本积分运算电路

$$u_o = -\frac{u_i}{RC}t = -\frac{u_i}{\tau}t \qquad (6-26)$$

式中:$\tau = RC$ 为积分时间常数,它反映了基本积分运算电路中电容器充放电的快慢。

如图 6-21 所示,当基本积分运算电路中输入是方波电压时,输出则是三角形电压,设初始时刻电容器两端的电压为零。

在 $0 \sim t_1$ 期间,$u_i = -E$,电容器放电,输出电压 u_o 为

$$u_o = -\frac{1}{RC}\int_0^{t_1} -E \, dt = +\frac{E}{RC}t$$

当 $t = t_1$ 时,输出电压为

$$u_o = +U_{om}$$

在 $t_1 \sim t_2$ 期间,$u_i = +E$,电容器充电,其初始电压值为

$$u_C(t_1) = -u_O(t_1) = -U_{om}$$

$$u_C = \frac{1}{RC}\int_{t_1}^{t_2} E \, dt + u_C(t_1) = \frac{1}{RC}\int_{t_1}^{t_2} E \, dt - U_{om}$$

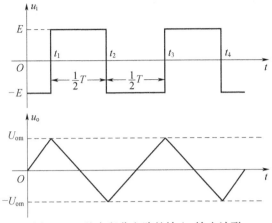

图 6-21　基本积分电路的输入、输出波形

$$u_\text{o} = -u_\text{C} = -\frac{1}{RC}\int_{t_1}^{t_2} E\mathrm{d}t + U_\text{om} = -\frac{E}{RC}t + U_\text{om}$$

当 $t=t_2$ 时，$u_\text{O}=-U_\text{om}$。从 t_2 开始将出现周期性的变化，这样输出就为三角形电压。

上述基本积分运算电路的特性不可能与理想特性完全一致，其主要原因是存在偏置电流、失调电压、失调电流及其温漂等，使输入信号为零时，仍会产生缓慢变化的输出电压，这种现象称为积分漂移现象。

为了克服积分漂移现象，可在积分电容器 C 的两端并联一个电阻 R_f，如图 6-22 所示。由于电阻 R_f 的负反馈作用，可以有效地抑制积分漂移现象，但 $R_\text{f}C$ 的数值应远大于积分时间，否则 R_f 自身也会造成较大的积分误差。

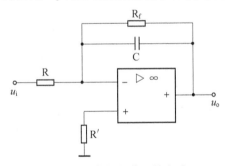

图 6-22　实际积分运算电路

2. 基本微分运算电路

微分是积分的逆运算，将积分电路中的电阻和电容元件位置互换，便构成基本微分运算电路，如图 6-23(a)所示。

根据"虚断"和"虚地"的概念，得

$$i_\text{f} = i_\text{C} = C\frac{\mathrm{d}u_\text{i}}{\mathrm{d}t}$$

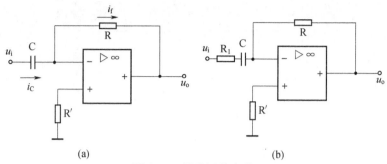

图 6-23 微分运算电路
（a）基本微分运算电路；（b）实际微分运算电路。

$$u_o = -i_f R = -RC\frac{du_i}{dt} \qquad (6-27)$$

上式表明，输出电压 u_o 与输入电压 u_i 的微分成正比。

如图 6-24 所示当基本微分运算电路中输入是矩形波电压时，输出则是正负相间的尖顶波电压。

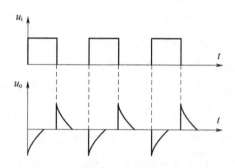

图 6-24 基本微分电路的输入、输出波形

由于基本微分运算电路输出电压对输入信号的变化十分敏感，特别是对高频干扰和噪声信号，电路的抗干扰性能较差。为此常采用如图 6-23(b) 所示的实际微分运算电路，该电路在输入回路中串联一个小电阻 R_1，但是 R_1 的加入将影响微分运算电路的精度，为此要求 R_1 的阻值要小，以便减少对电路精度的影响。

6.4 有源滤波器

6.4.1 基本概念

滤波器是具有频率选择的电路，它能选出有用的信号，而抑制无用的信号，使一定频率范围内的信号能顺利通过，衰减很小，而在此频率范围以外的信号则不易通过，衰减很大。

根据工作信号的频率范围,滤波器可以分为四大类:通过低频信号,阻止高频信号的称为低通滤波器(LPF);通过高频信号,阻止低频信号的称为高通滤波器(HPF);通过某一频率范围的信号,阻止频率低于此范围和高于此范围的信号通过的称为带通滤波器(BPF);阻止某一频率的信号,通过频率低于此范围及高于此范围信号的称为带阻滤波器(BEF)。

四种滤波器的理想幅频特性分别如图 6-25(a)、(b)、(c)、(d)所示,每个特性曲线均分为通带和阻带两部分。

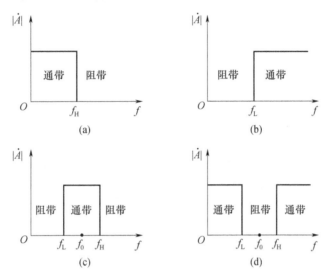

图 6-25　四种滤波器的理想幅频特性
(a)低通;(b)高通;(c)带通;(d)带阻。

仅由电阻、电容和电感等无源元件组成的滤波器,称为无源滤波器。这里讲的是由无源滤波器和运算放大器组成的有源滤波器。与无源滤波器比较,有源滤波器具有体积小、效率高、频率特性好等优点,因而被广泛地应用于通信、电子工程、仪器仪表等领域。

6.4.2　低通滤波器

若滤波电路电压增益在过渡带的下降速率为 20dB/十倍频,则电路为一阶滤波器;若下降速率为 40dB/十倍频,则电路为二阶滤波器;依次类推,若下降为 20NdB/十倍频,则电路为 N 阶滤波器。

以一阶低通滤波器为例,将 RC 无源低通滤波器的输出端与同相比例运算电路的输入端相连,就构成了一阶有源低通滤波器,如图 6-26 所示。

输出电压为

$$\dot{U}_o = \left(1 + \frac{R_f}{R_1}\right)\dot{U}_p$$

而

$$\dot{U}_\mathrm{p} = \frac{\dfrac{1}{\mathrm{j}\omega C}\dot{U}_1}{R + \dfrac{1}{\mathrm{j}\omega C}} = \frac{1}{1+\mathrm{j}\omega RC}\dot{U}_1$$

电压放大倍数为

$$\dot{A}_\mathrm{u} = \left(1 + \frac{R_\mathrm{f}}{R_1}\right)\frac{1}{1+\mathrm{j}\omega RC} = \frac{A_\mathrm{up}}{1+\mathrm{j}\dfrac{\omega}{\omega_\mathrm{p}}} = \frac{A_\mathrm{up}}{1+\mathrm{j}\dfrac{f}{f_\mathrm{p}}} \qquad (6-28)$$

式中：A_up 为通带电压放大倍数；f_p 为通带截止频率。

当信号频率 f 趋于零时，集成运放同相输入端的电位 $U_\mathrm{p} = U_\mathrm{i}$，此时，通带放大倍数等于同相比例运算电路的放大倍数；当 $f = f_\mathrm{p}$ 时，$|\dot{A}_\mathrm{u}| = A_\mathrm{up}/\sqrt{2}$；当 $f \gg f_\mathrm{p}$ 时，$20\lg|\dot{A}_\mathrm{u}|$ 按 $-20\mathrm{dB}/$十倍频下降。因此，$\dot{A}_\mathrm{u}/\dot{A}_\mathrm{up}$ 的对数幅频特性如图 6-27 所示。

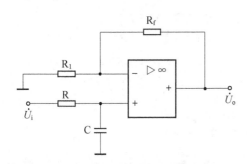
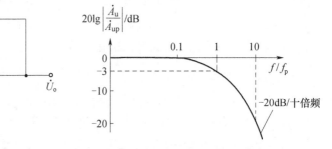

图 6-26　一阶有源低通滤波器　　　图 6-27　一阶有源低通滤波器对数幅频特性

一阶低通滤波器的缺点：当 $f \gg f_\mathrm{p}$ 时，幅频特性衰减速度太慢。为了使低通滤波器的过渡带变窄，过渡带中 $|\dot{A}_\mathrm{u}|$ 的下降速度加大，可利用多个 RC 环节构成多阶低通滤波器。

6.4.3　高通滤波器

将图 6-26 所示有源低通滤波器中 RC 电路的 R 和 C 元件位置对调，就构成一阶高通滤波器，如图 6-28 所示。其对数幅频特性如图 6-29 所示。

输出电压为

$$\dot{U}_\mathrm{o} = \left(1 + \frac{R_\mathrm{f}}{R_1}\right)\dot{U}_\mathrm{p}$$

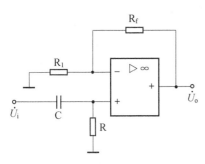
图 6-28 一阶有源高通滤波器

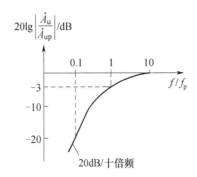
图 6-29 一阶有源高通滤波器对数幅频特性

而

$$\dot{U}_p = \frac{R}{R + \frac{1}{j\omega C}} \dot{U}_i = \frac{1}{1 + \frac{1}{j\omega RC}} \dot{U}_i$$

故

$$\dot{U}_o = \left(1 + \frac{R_f}{R_1}\right) \frac{1}{1 + \frac{1}{j\omega RC}} \dot{U}_i$$

电压放大倍数为

$$\dot{A}_u = \frac{\dot{U}_o}{\dot{U}_i} = \frac{A_{up}}{1 - j\frac{f_p}{f}} \qquad (6-29)$$

式中：$f_p = \frac{1}{2\pi RC}$。

同样与一阶低通滤波器相似，一阶高通滤波器在低频处幅频特性衰减速度太慢。因此，可再增加一级 RC 电路，组成二阶滤波电路，这样其幅频特性更接近于理想特性。

6.4.4 带通滤波器和带阻滤波器

若将一个低通滤波器和一个高通滤波器串联，并使低通滤波器的通带截止频率 ω_h 大于高通滤波器的通带截止频率 ω_l，则频率在 $\omega_l < \omega < \omega_h$ 范围内的信号能通过，其余频率的信号被滤掉，不能通过，因而构成了带通滤波器，如图 6-30 所示为带通滤波器原理框图。

若将一个低通滤波器和一个高通滤波器"并联"，且使低通滤波器的通带截止

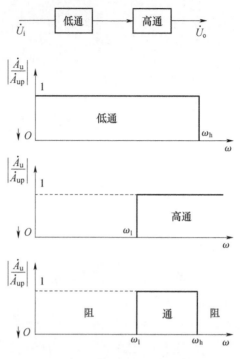

图 6-30 带通滤波器原理框图

频率 ω_h 小于高通滤波器的通带截止频率 ω_l，则这样的滤波器称为带阻滤波器，如图 6-31 所示为带阻滤波器原理框图。该滤波器可阻止 $\omega_h<\omega<\omega_l$ 范围内的信号通

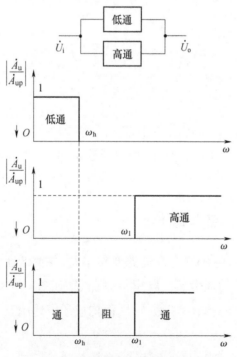

图 6-31 带阻滤波器原理框图

过,而使其余频率的信号均能通过。带阻滤波器又称陷波器,在干扰信号频率确定的情况下,可通过带阻激光器阻止其通过,以抵抗其干扰。

如图 6-32 和图 6-33 所示为典型的带通滤波器和带阻滤波器。

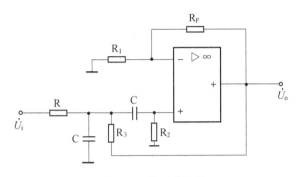

图 6-32　带通滤波器

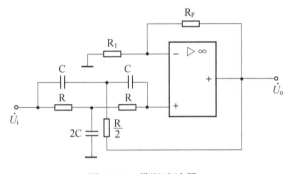

图 6-33　带阻滤波器

本 章 小 结

（1）集成运算放大器实际上是一个高放大倍数的多级直接耦合放大电路,由输入级、中间级、输出级和偏置电路组成。其输入级由差分放大电路构成。

（2）差分放大电路是广泛应用的基本单元电路,是利用电路结构的对称性来抑制零点漂移的,它对差模信号具有较大的放大能力,而对共模信号具有很强的抑制作用。差分放大电路的主要性能指标有差模电压放大倍数、共模电压放大倍数、差模输入和输出电阻、共模抑制比等。

（3）在运算电路中,比例、加减运算电路的输出与输入关系是线性关系;而积分、微分电路的输出与输入之间是非线性关系,但集成运放本身工作在线性区。

（4）有源滤波器通常由集成运放和 RC 网络构成,根据幅频响应不同,可分为低通、高通、带通、带阻等滤波器。与无源滤波器相比,有源滤波器具有体积小、效率高、频率特性好等优点,因而,被广泛地应用于通信、电子工程、仪器仪表等领域。

思考与练习题

一、填空题

1. 差分放大器的输入输出连接方式有_____种,其差模放大倍数与_____方式有关,与_____方式无关。

2. 典型差分放大器中,发射极电阻 R_e 的作用是_____,常用电流源代替发射极电阻的原因是_____,负电源 V_{EE} 的作用是_____。

3. 差动放大电路能有效地克服零点漂移,这主要是通过_____。

4. 集成运放是具有_____放大倍数的_____放大器。通常有_____个输入端和一个输出端。集成运放的应用有两大类:_____和_____。

5. 集成运放的基本组成有_____、_____、_____和_____。

6. 集成运算放大器是一种采用_____耦合方式的放大电路,最常见的问题是_____,限于集成工艺的限制,在内部组成上,对高阻值电阻通常采用由三极管或场效应管组成的_____来替代。

7. 在差动放大电路中,若两输入信号 $u_{i1} = 20\text{mV}$,$u_{i2} = 8\text{mV}$,则输入差模电压 $u_{id} =$ _____ mV,共模输入电压 $u_{ic} =$ _____ mV;若差模电压增益 $A_{ud} = -10$,共模电压增益 $A_{uc} = -0.2$,则差动放大电路输出电压 $u_o =$ _____ mV。

二、选择题

1. 按电路_____的不同,滤波电路可分为低通、高通、带通和带阻滤波电路。
    A. 截止频率　　　　　　B. 带宽
    C. 工作频率　　　　　　D. 通带增益

2. 按实现滤波器使用的元器件不同,滤波器可分为_____滤波器。
    A. 高通和低通　　　B. 带通和带阻　　　C. 有源和无源

3. 与有源滤波器相比,无源滤波器的_____性能好。
    A. 高频　　　　　　B. 低频　　　　　　C. 中频

4. 无源滤波器存在的主要问题之一是_____。
    A. 带负载的能力差　　B. 输出电压小　　　C. 输出电阻大

5. 如果有用信号频率低于300Hz,可选用_____滤波电路。

A. 高通　　　　　　　　B. 低通
C. 带阻　　　　　　　　D. 带通

6. 若有用信号频率高于1000Hz,可选用_____滤波电路。
   A. 高通　　　　　　　　B. 低通
   C. 带通　　　　　　　　D. 带阻

7. 如果希望抑制50Hz的交流电源干扰,可选用_____滤波电路。
   A. 高通　　　　　　　　B. 带阻
   C. 带通　　　　　　　　D. 低通

8. 如果有用信号的频率为4000Hz,可选用_____滤波电路。
   A. 高通　　　　　　　　B. 低通
   C. 带通　　　　　　　　D. 带阻

9. 直流放大器_____。
   A. 只能放大直流信号　　B. 只能放大交流信号
   C. 能放大直流和交流信号　D. 不能确定

10. 放大器产生零点漂移的主要原因是_____。
    A. 环境温度变化　　　　B. 电压增益太大
    C. 采用直接耦合方式　　D. 采用阻容耦合方式

11. 在多级直接耦合放大器中,影响零点漂移最严重的一级是_____,零点漂移最大的一级是_____。
    A. 输入级　　　　　　　B. 中间级
    C. 输出级　　　　　　　D. 增益最高的一级

12. 在典型差分放大电路中,发射级电阻 R_e 的主要作用是_____。
    A. 提高输入电阻　　　　B. 提高差模电压增益
    C. 提高共模抑制比　　　D. 提高共模电压增益

13. 如果差分放大器由双端输入改为单端输入,则差模电压增益将_____。
    A. 增加一倍　　　　　　B. 为双端输入时的一半
    C. 不变　　　　　　　　D. 不确定

14. 在差分放大电路中,当两个输入端 $u_{i1}=300\text{mV}$,$u_{i2}=200\text{mV}$ 时,可将输入信号分解为共模输入信号 $u_{ic}=$_____和差模输入信号 $u_{id}=$_____。
    A. 500mV　　　　　　　B. 100mV
    C. 250mV　　　　　　　D. 50mV

15. 在基本差分放大电路中(无 R_e 电阻),两个单边放大器的电压增益为100。已知两个输入信号 $u_{i1}=10\text{mV}$,$u_{i2}=-10\text{mV}$,若信号从 VT_1 单端输出,则单端输出电压 $u_{od}=$_____。
    A. −1V　　　　　　　　B. 1V

C. -0.5V D. 0.5V

16. 差分放大电路共模抑制比 K_{CMR} 越大,表明该电路_____。
   A. 抑制零漂的能力越强 B. 共模放大倍数越稳定
   C. 共模放大倍数越大 D. 差模放大倍数越小

17. 差分放大器由双端输出改为单端输出,共模抑制比 K_{CMR} 减小的原因是_____。
   A. $|A_{ud}|$ 不变,$|A_{uc}|$ 增大 B. $|A_{ud}|$ 增大,$|A_{uc}|$ 减小
   C. $|A_{ud}|$ 减小,$|A_{uc}|$ 增大 D. $|A_{ud}|$ 减小,$|A_{uc}|$ 不变

18. 为了抑制漂移,集成运算放大器的输入级一般是_____放大电路,因此对于由双极型三极管构成输入级的集成运放,两个输入端的外接电阻应_____。
   A. 很小 B. 差分
   C. 很大 D. 对称

19. 当集成运放处于_____状态时,可运用_____和_____概念。_____是_____的特殊情况。
   A. 开环 B. 线性放大
   C. 虚地 D. 虚断 E. 虚短

20. _____比例电路中,集成运放反相输入端为虚地点,而_____比例电路中,集成运放两个输入端对地的电压基本上等于输入电压。_____比例电路的输入电流基本上等于流过反馈电阻的电流,而_____比例电路的输入电流几乎等于零。
   A. 差分 B. 反相 C. 同相

21. 当输入信号是方波电压时,则基本积分运算电路的输出是_____,基本微分运算电路的输出是_____。
   A. 三角形电压 B. 尖顶波电压
   C. 矩形波电压 D. 正弦波电压

三、简答题

1. 零点漂移产生的原因是什么?它有什么危害?

2. 什么叫差模信号?什么叫共模信号?

3. 什么是共模抑制比?双端输出与单端输出差分放大电路的抑制零点漂移能力哪个强?并分别说明其抑制零漂的机理。

4. 理想运算放大器有什么特性?为什么在分析运放电路时,通常将运算放大器看作理想运算放大器?分析运算放大器的两个重要依据是什么?

5. 集成运放和分立元件放大电路在电路结构上有什么不同考虑?

四、分析与计算题

1. 如图 6-34 所示电路中，如果 $R_f = 2R_1$，$R_2 = 5R_3$，$u_{i2} = 4u_{i1}$，求电路输出电压 u_o。

2. 在如图 6-35 所示的反相比例运算电路中，设 $R_1 = 10\text{k}\Omega$，$R_f = 100\text{ k}\Omega$。试求闭环电压放大倍数 A_{uf} 和平衡电阻 R_2。若 $u_i = 10\text{mV}$，则 u_o 为多少？

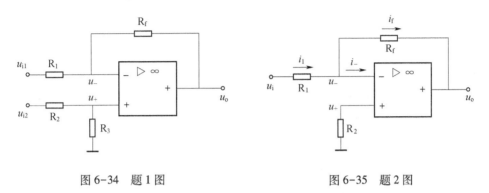

图 6-34 题 1 图　　　　　　　　　　图 6-35 题 2 图

3. 试写出如图 6-36 所示电路中输出电压与输入电压的关系。

4. 如图 6-37 所示，已知 $\beta_1 = \beta_2 = 50$，$V_{CC} = V_{EE} = 15\text{V}$，$R_{b1} = R_{b2} = R_b = 10\text{k}\Omega$，$R_{c1} = R_{c2} = R_c = 5\text{k}\Omega$，$R_e = 10\text{k}\Omega$，$R_L = 10\text{k}\Omega$。试求：

（1）静态工作点。

（2）R_L 接在 VT_1 管和 VT_2 管集电极之间时的双端输出差模电压放大倍数 A_{ud}。

（3）R_L 接在 VT_1 管集电极时的单端输出差模电压放大倍数 A_{ud} 和共模电压放大倍数 A_{uc}。

（4）R_L 接在 VT_1 管集电极时的单端输出共模抑制比 K_{CMR}。

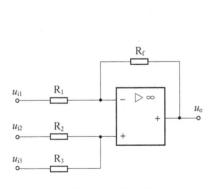
图 6-36 题 3 图

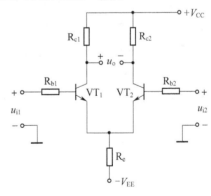
图 6-37 题 4 图

第7章 信号发生电路

【学习目标】
(1) 理解正弦波振荡电路的基本概念。
(2) 掌握 RC 桥式正弦波振荡电路的电路组成以及振荡过程分析。
(3) 掌握 LC 正弦波振荡电路的电路组成、振荡频率。
(4) 了解石英晶体的特性及其振荡电路组成。
(5) 理解电压比较器的工作原理。
(6) 理解方波、三角波发生电路的工作原理。

信号发生电路通常也称为振荡器。它与放大器的区别在于没有外加激励的情况下,电路能自行产生一定频率和幅度的交流振荡信号。按产生的交流信号波形的不同,可将信号发生电路分为两大类,即正弦波振荡电路和非正弦信号发生电路。

7.1 正弦波振荡电路

正弦波振荡电路是在没有外加输入信号的情况下,电路自行产生正弦波输出信号的电路。正弦波振荡电路分为 RC 正弦波振荡电路、LC 正弦波振荡电路和石英晶体振荡电路。RC 振荡电路的振荡频率一般与 RC 的乘积成反比,这种振荡器可产生几赫至几百千赫的低频信号。LC 振荡电路的振荡频率主要取决于 LC 并联回路的谐振频率,一般与 LC 乘积的平方根成反比,这种振荡器可产生高达一百兆赫以上高频信号。常用的 LC 振荡电路有变压器反馈式、电感三点式、电容三点式以及电容三点式改进型振荡电路等。当要求正弦波振荡电路具有很高的频率稳定性时,可以采用石英晶体振荡器,其振荡频率决定于石英晶体的固有频率,频率稳定度可达 $10^{-8} \sim 10^{-6}$ 的数量级。

7.1.1 正弦波振荡电路的基本概念

在放大电路中,采用负反馈来改善放大电路的性能,而在信号发生电路中,是利用正反馈来实现振荡信号的输出。利用正反馈的方法来获得等幅的正弦振荡,是正弦波振荡电路的基本原理。图 7-1 所示是正弦波振荡电路的框图。图 7-1 中，$\dot{U}_\mathrm{f}$、$\dot{U}_\mathrm{i}$、$\dot{U}_\mathrm{o}$ 分别是反馈电压、输入电压和放大器输出电压。

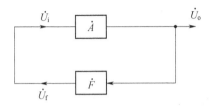

图 7-1　正弦波振荡电路的框图

1. 振荡条件

图 7-1 中，电路无外加输入信号，靠正反馈信号 $\dot{U}_\mathrm{f}$ 维持一定正弦波电压输出 $\dot{U}_\mathrm{o}$。因此，只要正反馈信号 $\dot{U}_\mathrm{f}$ 与净输入信号 $\dot{U}_\mathrm{i}$ 相同，即 $\dot{U}_\mathrm{f}=\dot{U}_\mathrm{i}$，就可维持输出 $\dot{U}_\mathrm{o}$ 不变，则有 $\dot{U}_\mathrm{o}=\dot{A}\dot{U}_\mathrm{i}=\dot{A}\dot{U}_\mathrm{f}=\dot{A}\dot{F}\dot{U}_\mathrm{o}$。因此，可得电路稳定振荡的条件为

$$\dot{A}\dot{F} = 1 \tag{7-1}$$

即

$$|\dot{A}\dot{F}| = 1 \tag{7-2}$$

$$\varphi_\mathrm{A} + \varphi_\mathrm{F} = \pm 2n\pi, \quad n = 0,1,2,\cdots \tag{7-3}$$

式中：φ_A 为基本放大电路输出信号和输入信号之间的相位差；φ_F 为反馈网络输出信号与输入信号之间的相位差。

式(7-2)称为正弦波振荡电路稳定工作的幅值条件，也就是说，$\dot{U}_\mathrm{f}$ 与 $\dot{U}_\mathrm{i}$ 必须大小相等。式(7-3)称为正弦波振荡电路稳定工作的相位条件，即 $\dot{U}_\mathrm{f}$ 与 $\dot{U}_\mathrm{i}$ 必须同相位，也就是说，要求电路构成正反馈。

2. 振荡的建立与稳幅过程

由于正弦波属于单一频率，因此，在正弦波振荡电路中必须有选频网络，以选择某一频率进行振荡。而选频网络本身可以是反馈网络，也可以是放大电路的一部分。

振荡电路刚接通电源时，电路中会有各种扰动信号或不规则的噪声等，它包含各种频率的谐波分量，通过选频网络的选择，只选出一种频率的信号满足相位平衡条件。这个小的输入信号经过反馈后得到反馈电压，如果同时又满足 $|\dot{A}\dot{F}|>1$ 的条件，经过正反馈和不断放大后，输出信号就会逐渐由小变大，使振荡电路起振。可见，振荡电路的起振条件和稳定振荡条件是有差别的。起振的幅值条件要求 $|\dot{A}\dot{F}|>1$，经过不断反馈、放大，输出信号逐渐变大，依靠基本放大电路或反馈网络的非线性，或者另加稳幅环节，从而达到 $|\dot{A}\dot{F}|=1$，使输出幅度最后稳定。

3. 判断一个电路是否为正弦波振荡电路的一般方法

（1）放大器的结构是否合理，有无放大能力，静态工作点是否合适。

（2）是否满足相位条件，即电路是否为正反馈，只有满足正反馈，才有可能振荡，判断相位条件可采用瞬时极性法。

（3）分析是否满足幅度条件，若$|\dot{A}\dot{F}|<1$，则不可能振荡；只有$|\dot{A}\dot{F}|>1$，才能振荡。

（4）电路是否有稳幅措施，保证振荡稳定后$|\dot{A}\dot{F}|=1$。

4. 正弦波振荡电路的基本组成

为了产生稳定的正弦波振荡，正弦波振荡电路一般应包括以下几个组成部分：

（1）放大电路。

（2）正反馈网络。

（3）选频网络。

（4）稳幅环节。

其中，放大电路是能量转换装置，从能量的观点看，振荡的本质是直流能量向交流能量转换的过程。放大电路和正反馈网络共同满足$|\dot{A}\dot{F}|=1$。选频网络的作用是实现单一频率的正弦波振荡。稳幅环节的作用是使振荡幅度达到稳定，通常可以利用放大元件的非线性来实现。可以利用晶体管、场效应管等器件的非线性，也可以外接非线性器件，前者称为内稳幅，后者称为外稳幅。根据选频网络组成元件的不同，正弦波振荡电路通常分为RC振荡电路、LC振荡电路和石英晶体振荡电路。

7.1.2 RC正弦波振荡电路

实用的RC正弦波振荡电路多种多样，这里仅介绍最具典型性的RC桥式正弦波振荡电路的电路组成、工作原理和振荡频率。有时也称RC桥式正弦波振荡电路为文氏桥振荡电路。

1. RC串并联选频网络

RC串并联网络由R_2和C_2并联后与R_1和C_1串联组成，如图7-2所示。

R_1、C_1串联部分的复阻抗为

$$Z_1 = R_1 + \frac{1}{j\omega C_1}$$

R_2、C_2并联部分的复阻抗为

$$Z_2 = \frac{R_2\left(-j\dfrac{1}{\omega C_2}\right)}{R_2 - j\dfrac{1}{\omega C_2}} = \frac{R_2}{1+j\omega R_2 C_2}$$

由图 7-2 可得 RC 串并联网络的电压传输系数 $\dot{F}$ 为

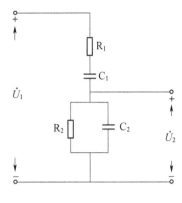

$$\dot{F} = \frac{\dot{U}_2}{\dot{U}_1} = \frac{Z_2}{Z_1 + Z_2} = \frac{\dfrac{R_2}{1 + j\omega R_2 C_2}}{R_1 + \dfrac{1}{j\omega C_1} + \dfrac{R_2}{1 + j\omega R_2 C_2}}$$

$$= \frac{1}{\left(1 + \dfrac{R_1}{R_2} + \dfrac{C_2}{C_1}\right) + j\left(\omega R_1 C_2 - \dfrac{1}{\omega R_2 C_1}\right)}$$

图 7-2 RC 串并联选频网络

在实际电路中取 $C_1 = C_2 = C$，$R_1 = R_2 = R$，则上式可化简为

$$\dot{F} = \frac{1}{3 + j\left(\omega RC - \dfrac{1}{\omega RC}\right)} = \frac{1}{3 + j\left(\dfrac{\omega}{\omega_0} - \dfrac{\omega_0}{\omega}\right)} \tag{7-4}$$

式(7-4)中有

$$\omega_0 = \frac{1}{RC} \tag{7-5}$$

根据式(7-4)可得到 RC 串并联网络的幅频特性和相频特性分别为

$$|\dot{F}| = \frac{1}{\sqrt{3^2 + \left(\dfrac{\omega}{\omega_0} - \dfrac{\omega_0}{\omega}\right)^2}} \tag{7-6}$$

$$\varphi = -\arctan \frac{\dfrac{\omega}{\omega_0} - \dfrac{\omega_0}{\omega}}{3} \tag{7-7}$$

作出幅频特性和相频特性曲线如图 7-3 所示。由图 7-3 可以看出，当 $\omega = \omega_0 = \dfrac{1}{RC}$ 时，电压传输系数 $|\dot{F}|$ 最大，其值为 $\dfrac{1}{3}$，相移 $\varphi = 0°$。此时，输出电压 $\dot{U}_2$ 与输入电压 $\dot{U}_1$ 同相。当 $\omega \neq \omega_0$ 时，$|\dot{F}| < \dfrac{1}{3}$，且 $\varphi \neq 0°$，此时输出电压的相位滞后或超前于输入电压。

由以上分析可知：RC 串并联网络只在 $\omega = \omega_0 = \dfrac{1}{RC}$，即 $f = f_0 = \dfrac{1}{2\pi RC}$ 时，输出幅度最大，且输出电压与输入电压同相，即相移为零。所以，RC 串并联网络具有选频特性。

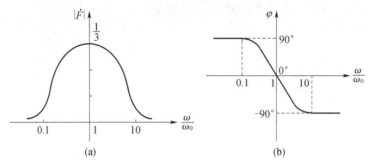

图 7-3　RC 串并联网络的幅频特性和相频特性
（a）幅频特性；（b）相频特性。

2. RC 桥式正弦波振荡电路

1）电路组成

RC 串并联正弦波振荡电路的基本形式如图 7-4 所示。它由放大电路、反馈网络两部分组成，这里的反馈网络同时又是选频网络。

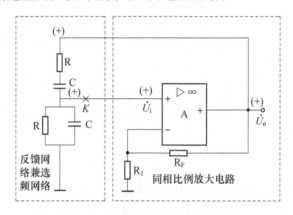

图 7-4　RC 串并联正弦波振荡电路

由于 RC 串并联网络在 $f=f_0$ 时输出最大，相位 $\varphi_F=0°$，所以，构成振荡电路时，根据振荡相位平衡条件，要求放大电路的相移 $\varphi_A=\pm2n\pi$。所以，如图 7-4 所示的 RC 串并联正弦波振荡电路中，采用同相比例运算放大电路。将 K 点断开，引入一个正极性（+）的输入信号 $\dot{U}_i$，而 $\dot{U}_o$ 也为（+），根据 RC 串并联网络在 $f=f_0$ 时，$\varphi_F=0°$ 的特点，$\dot{U}_f$ 与 $\dot{U}_i$ 的极性相同均为（+），所以该电路满足正弦波振荡的相位平衡条件。

2）振荡频率

由于同相比例放大电路的输出阻抗可视为零，而输入阻抗远比 RC 串并联的阻抗大得多，因此，电路的振荡频率可以认为只由串并联网络选频特性的参数决定，即 $f_0=\dfrac{1}{2\pi RC}$。

3) 起振条件

根据起振条件$|\dot{A}\dot{F}|>1$,而$|\dot{F}|=\dfrac{1}{3}$,所以,要求同相比例放大电路的电压放大倍数为略大于3,故R_F应略大于$2R_1$。

4) 稳幅措施

将图7-4中R_F选择负温度系数的热敏电阻,起振时,$\dot{U}_o$幅值较小,R_F的功耗较小,R_F的阻值较大,于是电压放大倍数值较大,有利于起振。当$\dot{U}_o$的幅值增加后,R_F的功耗增大,它的温度上升,R_F电阻值下降,电压放大倍数值下降,当放大倍数为3时,使输出电压的幅值稳定,达到自动稳幅的目的。

同理,当振荡建立后,由于某种原因,使得输出幅度发生变化,则R_F的功耗变化,使R_F的阻值发生变化,自动稳定输出电压幅度。

7.1.3 LC正弦波振荡电路

LC正弦波振荡电路与RC桥式正弦波振荡电路的组成原则在本质上是相同的,只是选频网络采用LC并联回路。常见的LC正弦波振荡电路有变压器反馈式、电感三点式和电容三点式三种。

1. LC并联回路的频率特性

LC并联回路如图7-5所示,R表示电感和回路总损耗的等效电阻。

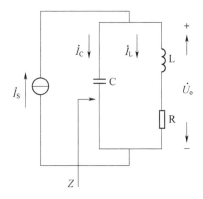

图7-5 LC并联谐振回路

从图7-5所示电路中,可知LC并联电路的复阻抗Z(通常$\omega L \gg R$)为

$$Z=\dfrac{\dot{U}_o}{\dot{I}_S}=\dfrac{\dfrac{1}{j\omega C}(R+j\omega L)}{\dfrac{1}{j\omega C}+(R+j\omega L)}\approx\dfrac{\dfrac{L}{C}}{R+j\left(\omega L-\dfrac{1}{\omega C}\right)} \quad (7-8)$$

根据式(7-8)可得到LC并联回路的幅频特性和相频特性分别为

$$|Z| = \frac{\dfrac{L}{RC}}{\sqrt{1 + \left[\dfrac{1}{R}\sqrt{\dfrac{L}{C}}\left(\dfrac{\omega}{\omega_0} - \dfrac{\omega_0}{\omega}\right)\right]^2}} \quad (7-9)$$

$$\varphi = -\arctan\left[\frac{1}{R}\sqrt{\frac{L}{C}}\left(\frac{\omega}{\omega_0} - \frac{\omega_0}{\omega}\right)\right] \quad (7-10)$$

$$\omega_0 = \frac{1}{\sqrt{LC}} \quad (7-11)$$

由上式可作出幅频特性和相频特性曲线如图 7-6 所示。由图 7-6 可以看出，当 $\omega = \omega_0 = \dfrac{1}{\sqrt{LC}}$ 时，Z 达到最大值并为纯电阻性，此时回路的电压和电流同相，$\varphi = 0°$。当 $\omega \neq \omega_0$ 时，$|Z|$ 值减小，且 $\varphi \neq 0°$。

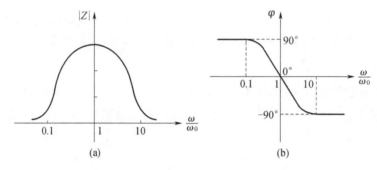

图 7-6　LC 并联谐振回路幅频特性和相频特性
(a) 幅频特性；(b) 相频特性。

由以上分析可知：LC 并联回路只在 $\omega = \omega_0 = \dfrac{1}{\sqrt{LC}}$，即 $f = f_0 = \dfrac{1}{2\pi\sqrt{LC}}$ 时，Z 为实数，表示纯电阻性，回路的电压和电流同相，发生并联谐振。所以，LC 并联谐振回路具有选频特性。

2. 变压器反馈式 LC 正弦波振荡电路

1) 电路组成

图 7-7 所示是变压器反馈式 LC 正弦波振荡电路，它由共射极放大器、LC 选频网络和变压器反馈网络三部分组成。图 7-7 中，L_1、C 并联组成的选频网络作为放大器的负载，构成选频放大器。反馈信号通过变压器线圈 L_1 和 L_3 间的互感耦合，由反馈网络 L_3 传送到放大器输入端。R_1、R_2 和 R_3 为放大器分压式偏置电阻使三极管工作在放大状态，C_1 是耦合电容，C_2 是射极旁路电容，对振荡频率而言可看成短路。

第 7 章 信号发生电路

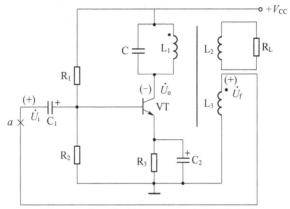

图 7-7 变压器反馈式 LC 正弦波振荡电路

2) 起振条件和振荡频率

为了判断电路是否满足产生振荡的相位平衡条件,假设在放大器的输入端 a 点处断开,并加入输入信号 $\dot{U}_i$,其频率为 L_1C 并联谐振回路的谐振频率 f_0,此时集电极的 L_1C 并联谐振回路呈现纯电阻性,并且阻值最大。则共射极放大器输出电压 $\dot{U}_o$ 和 $\dot{U}_i$ 反相,由图 7-7 中 L_1 及 L_3 同名端可知,反馈信号 $\dot{U}_f$ 与输出电压 $\dot{U}_o$ 反相,因此,$\dot{U}_f$ 和 $\dot{U}_i$ 同相,说明电路满足振荡的相位平衡条件。也就是说只有在 L_1C 回路的谐振频率处,电路才满足相位平衡条件,所以,振荡电路的振荡频率就是 L_1C 并联谐振回路的谐振频率,即

$$f_0 = \frac{1}{2\pi\sqrt{L_1C}}$$

另外,要满足振幅起振条件 $|\dot{A}\dot{F}|>1$,可以选 β 值较大的晶体管或增加反馈线圈的匝数,调整变压器初级和次级之间的位置以提高耦合程度均可,一般情况下容易满足。

3) 优缺点

变压器反馈式振荡电路结构简单、容易起振,改变电容的大小就可以方便地调节频率。但由于变压器分布电容和双极型晶体管极间电容的影响,振荡频率不能很高,f_0 适用范围在几兆赫至十几兆赫。

3. 电感反馈三点式 LC 正弦波振荡电路

1) 电路组成

电感反馈三点式 LC 振荡电路又称为哈特莱振荡器。如图 7-8 所示,图(a)中,L_1、L_2 和 C 组成并联谐振回路,作为放大器的交流负载,R_{b1}、R_{b2}、R_c 和 R_e 为放大器分压式直流偏置电阻,C_3 是射极旁路电容,C_1、C_2 是耦合电容。图(b)是其交流等效电路。由图可见,反馈电压取自电感 L_2 上的电压,交流时并联谐振回路的三个端点

相当于分别与晶体管的三个电极相连,因此,称为电感反馈三点式 LC 振荡电路。

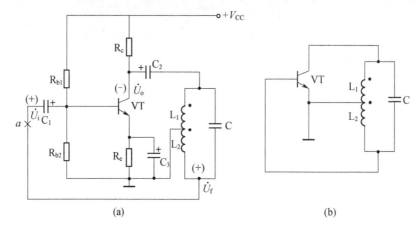

图 7-8　电感反馈三点式 LC 正弦波振荡电路
(a) 电感反馈三点式 LC 正弦波振荡电路；(b) 交流通路。

2) 起振条件和振荡频率

假设在图 7-8(a) 中 a 点处将电路断开,并加入输入信号 $\dot{U}_i$,由于谐振时 LC 并联谐振回路呈现纯电阻,则输出电压 $\dot{U}_o$ 与 $\dot{U}_i$ 反相,而反馈信号 $\dot{U}_f$ 与输出电压 $\dot{U}_o$ 也反相,因此,$\dot{U}_f$ 和 $\dot{U}_i$ 同相,说明电路在 LC 回路谐振频率上构成正反馈满足振荡的相位平衡条件。因此,得到振荡频率为 $f_0 = \dfrac{1}{2\pi\sqrt{LC}} = \dfrac{1}{2\pi\sqrt{(L_1+L_2+2M)C}}$,$M$ 是 L_1、L_2 间的互感系数。

同样,若要满足振幅起振条件,管子的 β 值应选得大些,一般要求 $\beta > \dfrac{L_1+M}{L_2+M} \cdot \dfrac{r_{be}}{R'}$。其中,$r_{be}$ 为三极管 b、e 间的等效电阻,R' 为包括其他折合电阻在内的谐振回路总损耗电阻。实际上并不常按 β 公式去挑选管子,只要适当选取 L_2/L_1 的数值,即改变线圈抽头的位置,改变 L_2 的大小,就可调节反馈电压的大小,就可以使电路起振,一般取反馈线圈的匝数为电感线圈总匝数的 1/8~1/4 即可起振。

3) 优缺点

电感三点式振荡电路,由于 L_1 和 L_2 耦合紧密,容易起振,可在较宽范围内调节振荡频率。但因为反馈信号取自电感,对高次谐波信号具有较大阻抗,使输出波形也含有较大高次谐波分量,输出波形变差。因此,这种振荡电路常用于要求不高的设备和场合,振荡频率 f_0 适用范围在几十兆赫以下。

4. 电容反馈三点式 LC 正弦波振荡电路

1) 电路组成

电容反馈三点式 LC 振荡器又称为考毕兹振荡器。如图 7-9 所示,它的基本结构与电感三点式一样,只是将 LC 并联谐振回路中的电感与电容互换,反馈电压取自电容 C_2 上的电压。交流时并联谐振回路的三个端点相当于分别与晶体管的三个电极相连,因此,称为电容三点式振荡电路。

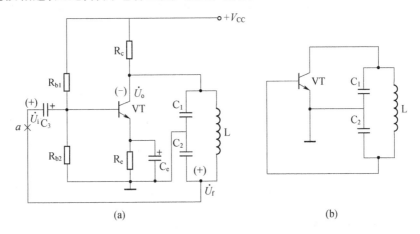

图 7-9 电容反馈三点式 LC 正弦波振荡电路
(a)电容反馈三点式 LC 正弦波振荡电路;(b)交流通路。

2) 起振条件和振荡频率

假设在图 7-9(a)中 a 点处将电路断开,并加入输入信号 $\dot{U}_i$,由于谐振时 LC 并联谐振回路呈现纯电阻,则输出电压 $\dot{U}_o$ 与 $\dot{U}_i$ 反相。反馈信号取自电容器 C_2,其极性为 C_2 上端为负,下端为正。又由于输出电压等于电容器 C_1 两端的电压,其极性为 C_1 上端为负,下端为正。C_1 和 C_2 的公共端为零电位。因此,反馈电压与输出电压反相,形成了正反馈,满足相位平衡条件。因此,得到振荡频率为 $f_0 = \dfrac{1}{2\pi\sqrt{LC}} = \dfrac{1}{2\pi\sqrt{L\left(\dfrac{C_1 C_2}{C_1+C_2}\right)}}$,可以证明,若满足振幅起振条件,应使三极管的 β 满足 $\beta > \dfrac{C_2}{C_1} \cdot \dfrac{r_{be}}{R'}$,$r_{be}$ 为三极管 b、e 间的等效电阻,R' 为包括其他折合电阻在内的谐振回路总损耗电阻。

3) 优缺点

电容三点式振荡电路,由于反馈电压中的高次谐波被电容短路,故该电路输出波形较好,而且 C_1 和 C_2 的数值可适当选小一些,因此,振荡频率较高,可以达到 100MHz 以上。但管子极间电容易受温度变化影响,使振荡频率不够稳定,且调节频率不够方便。

为了使电路频率调节方便和提高振荡频率的稳定性,可将图 7-9(a)中的选频网络换成如图 7-10 所示的选频网络,得到改进的电容反馈式振荡电路。取

$C_1 \gg C_0$,$C_2 \gg C_0$,其振荡频率为 $f_0 = \dfrac{1}{2\pi\sqrt{LC}} = \dfrac{1}{2\pi\sqrt{\dfrac{L}{\dfrac{1}{C_1}+\dfrac{1}{C_2}+\dfrac{1}{C_0}}}} \approx \dfrac{1}{2\pi\sqrt{LC_0}}$,所以,振荡频率主要由 C_0 决

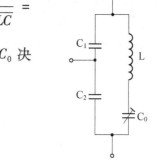

图 7-10　改进型电容三点式振荡电路的选频网络

定,调节 C_0 可以方便地调节振荡频率。

7.1.4　石英晶体振荡电路

在工程实际应用中,要求振荡的频率有一定的稳定度,LC 振荡电路的频率稳定度一般在 10^{-5},石英晶体的频率稳定度可达 $10^{-11} \sim 10^{-9}$,因此,在要求频率稳定度高的场合,常采用石英晶体振荡电路。

1. 石英晶体的基本特性

1) 压电效应

当石英晶片的两个电极加一电场,晶片就会产生机械变形。反之,若在晶片的两侧施加机械压力,在相应的方向产生电场,这种物理现象称为压电效应。

当晶片的两极上施加交变电压,晶片会产生机械变形振动,同时晶片的机械变形振动又会产生交变电场,在一般情况下,这种机械振动和交变电场的幅度都非常微小。当外加交变电压的频率与晶片的固有振荡频率相等时,振幅急剧增大,这种现象称为压电谐振。石英晶体的谐振频率取决于晶片的切片的方向、几何形状等。

2) 等效电路

石英晶体的符号与等效电路如图 7-11(a)和(b)所示。图中 C_0 为两金属电极间构成的静电电容,电感 L 和电容 C 分别用来等效晶片振动时的惯性和弹性,电阻 R 则用来等效晶片振动时内部的摩擦损耗。

3) 谐振频率与频率特性

当忽略 R 时,晶体呈纯电抗性,它的电抗频率特性如图 7-11(c)所示,频率在 $f_s \sim f_p$ 之间,电抗为正值,呈感性,而在其他频段电抗为负值,呈容性。

(1) 串联谐振频率 f_s。从石英晶体谐振器的等效电路可知,它有两个谐振频率,即当 L、C、R 支路发生串联谐振时,它的等效阻抗最小,若不考虑损耗电阻 R,这时 $X=0$,串联谐振频率为

$$f_s = \dfrac{1}{2\pi\sqrt{LC}} \qquad (7-12)$$

(2) 并联谐振频率 f_p。当频率高于 f_s 时,L、C、R 之路呈感性,它与 C_0 发生并

联谐振时,等效阻抗最大,当忽略 R 时,回路的并联谐振频率为

$$f_\text{p} = \cfrac{1}{2\pi\sqrt{L\cfrac{CC_0}{C+C_0}}} = \cfrac{1}{2\pi\sqrt{LC}}\sqrt{1+\cfrac{C}{C_0}} \qquad (7-13)$$

由式(7-12)、式(7-13)可知,当 $C \ll C_0$ 时,f_s 与 f_p 两者非常接近。

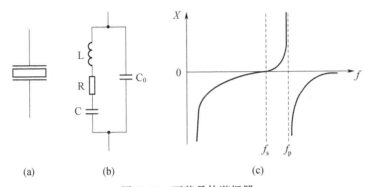

图 7-11 石英晶体谐振器

(a) 符号;(b) 等效电路;(c) 电抗—频率特性。

2. 石英晶体振荡电路

石英晶体振荡器有多种电路形式,但其基本电路只有两类:一类是并联型石英晶体振荡电路,它是利用晶体工作在并联谐振状态下,频率在 f_s 与 f_p 之间,晶体阻抗呈感性的特点,与两个外接电容组成电容三点式振荡电路;另一类是串联型石英晶体振荡电路,它是利用晶体工作在串联谐振 f_s 时阻抗最小,且为纯阻的特点来构成石英晶体振荡电路。

1) 并联型石英晶体振荡电路

图 7-12 所示为并联型石英晶体振荡器。f_0 在 $f_\text{s} \sim f_\text{p}$ 的极窄的频率范围内,石英晶体呈感性,晶体在电路中起一个电感作用,它与 C_1、C_2 组成电容反馈三点式振荡电路,满足相位平衡条件。

2) 串联型石英晶体振荡电路

图 7-13 所示为一种串联型石英晶体振荡器。VT_1 采用共基极接法,VT_2 为射极输出器,石英晶体作为一个反馈元件。用瞬时极性法不难分析,当工作于串联谐振频率 f_s 时,石英晶体谐振器的等效阻抗最小且为纯电阻,所以 VT_1、VT_2 组成的放大电路对等于串联谐振频率 f_s 的信号正反馈最强且没用附加相移,满足相位平衡条件。图 7-13 中的电位器 R_p 是用来调节反馈量的,使输出的振荡波形失真较小且幅度稳定。

由于石英晶体特性好、安装简单、调试方便,所以,石英晶体在电子钟表、电子计算机等领域得到广泛的应用。

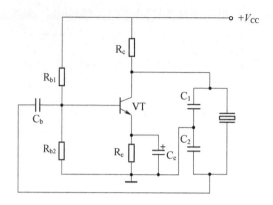

图 7-12 并联型石英晶体振荡器

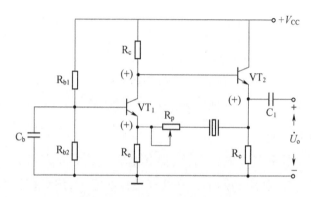

图 7-13 串联型石英晶体振荡器

7.2 非正弦信号发生电路

非正弦信号发生电路由具有开关特性的器件(如电压比较器)、反馈网络、延时环节或积分环节等组成。与正弦信号发生电路相比,非正弦信号发生电路的振荡条件比较简单,只要反馈信号能使比较电路状态发生变化,即能产生周期性振荡。常见的有方波发生电路、三角波发生电路等。

7.2.1 电压比较器

电压比较器是组成非正弦信号发生电路的基本单元电路,是集成运算放大器典型的非线性应用。电压比较器的基本功能是对输入端的两个电压进行比较,判断出哪一个电压大,在输出端输出比较结果。

1. 简单比较器

图 7-14(a)所示电路为一简单电压比较器,图中运算放大器工作在开环状

态。参考电压 U_{REF} 加在运算放大器的同相输入端,输入电压 u_i 加在运算放大器的反相输入端,输入电压 u_i 与参考电压 U_{REF} 进行比较,输出电压 u_o 的波形如图 7-14(b) 所示。由此可见,比较器的输入是模拟信号,而输出端则是高电平或低电平(数字量)来反映比较结果。当参考电压 $U_{REF}=0$ 时,称为过零比较器,输入电压 u_i 与零电位进行比较,电路图和电压传输特性如图 7-15 所示。

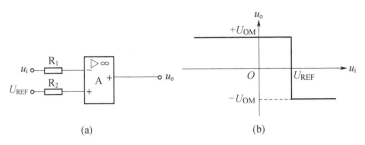

图 7-14　简单电压比较器及其电压传输特性
(a) 简单电压比较器;(b) 电压传输特性。

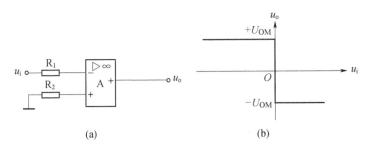

图 7-15　过零比较器及其电压传输特性
(a) 过零比较器;(b) 电压传输特性。

在实际应用中,为了与接在输出端的数字电路的电平配合,常在比较器的输出端与"地"之间跨接一个双向稳压管 VD_Z,作双向限幅用。稳压管的稳定电压为 $\pm U_Z$,输出电压 u_o 被限制在 $+U_Z$ 和 $-U_Z$。带双向限幅的电压比较器及其电压传输特性如图 7-16 所示。

2. 滞回比较器

简单比较器电路结构简单,灵敏度高,但抗干扰能力差。若输入信号在参考电压 U_{REF} 附近有噪声或干扰,输出波形将会产生错误的跳变,造成较大的误差。为了克服简单比较器抗干扰差的问题,在简单比较器电路中引入正反馈,这时比较器的电压传输特性具有迟滞回线形状,这种比较器称为迟滞比较器或施密特触发器。

图 7-17(a) 所示为一种反相输入滞回比较器电路图,输入电压 u_i 通过电阻 R_1 加到反相输入端,同相输入端通过电阻 R_2 接地,反馈电阻 R_f 跨接在同相输入端与

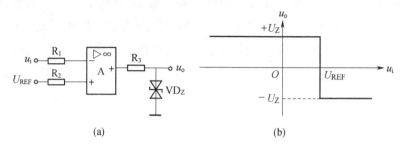

图 7-16 带双向限幅的电压比较器及其电压传输特性
(a) 带双向限幅的电压比较器；(b) 电压传输特性。

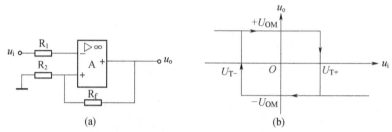

图 7-17 滞回比较器及其电压传输特性
(a) 滞回比较器；(b) 电压传输特性。

输出端之间，根据瞬时极性法可知电路引入了正反馈。

由电路可知，$u_+ = \dfrac{R_2}{R_2+R_f}u_o$，由于 $u_o = \pm U_{OM}$，得出阈值电压为

$$U_{T+} = \dfrac{R_2}{R_2+R_f}U_{OM} \qquad (7-14)$$

$$U_{T-} = -\dfrac{R_2}{R_2+R_f}U_{OM} \qquad (7-15)$$

其电压传输特性如图 7-17(b)所示。由于电路有两个翻转电平，所以传输曲线具有类似铁磁材料的滞回特性，这也是滞回比较器名称的由来。这里 U_{T+} 称为上限阈值电压，U_{T-} 称为下限阈值电压，而 $U_{T+}-U_{T-}=\Delta U$ 称为回差电压。由于回差电压的存在，使滞回比较器具有很强的抗干扰能力，在任一门限电平附近，只要干扰信号的幅度不超过回差电压的范围，就不会引起误翻转，输出电平就能保持稳定。

7.2.2 方波发生电路

1. 电路组成

图 7-18 所示为一个方波发生电路。电路实际上是由一个滞回比较器和一个

RC 充放电回路组成。图中集成运放和电阻 R_1、R_2 组成滞回比较器,电阻 R 和电容 C 构成充放电回路,电阻 R_3 和双向稳压管 VD_Z 对输出电压双向限幅,将滞回比较器的输出电压限制在稳压管的稳定电压值 $\pm U_Z$。

2. 工作原理

输出电压 u_o 钳位于 $\pm U_Z$,则两个阈值电压分别为

$$U_{T+} = \frac{R_2}{R_2 + R_1} U_Z$$

$$U_{T-} = -\frac{R_2}{R_2 + R_1} U_Z$$

结合图 7-19 分析如下:

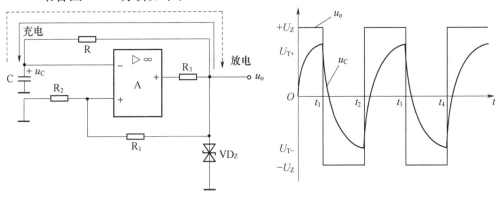

图 7-18 方波发生电路   图 7-19 u_o 与 u_C 的波形

在运放接通电源时,电容器 C 上电压 $u_C = 0$,设此时 $u_o = +U_Z$,则此时阈值电压为 U_{T+},u_o 会通过 R 向 C 充电使 u_C 按指数曲线上升。当 $u_C \geqslant U_{T+}$ 时,满足滞回比较器的翻转条件,使输出 $u_o = -U_Z$,阈值电压跳变为 U_{T-},如图 7-19 中的 $0 \sim t_1$ 期间波形所示。此时由于 u_C 大于 u_o,故电容器 C 通过 R 开始放电,u_C 按指数曲线下降,当 $u_C \leqslant U_{T-}$ 时,比较器又发生翻转,使 $u_o = +U_Z$,阈值电压变为 U_{T+},如图7-19中的 $t_1 \sim t_2$ 期间波形所示。以后电容器 C 又开始充电,u_C 从 U_{T-} 开始上升,这样周而复始产生振荡,如图 7-19 中的 $t_2 \sim t_3$ 及 $t_3 \sim t_4$ 段所示,输出为方波。

可以证明,方波的振荡周期为 $T = 2RC\ln\left(1 + \frac{2R_2}{R_1}\right)$,改变充放电时间常数 RC 及滞回比较器的电阻 R_1 和 R_2,即可调节方波的振荡周期,而方波的幅度决定于 U_Z。通常定义高电平持续的时间与信号周期的比值叫做占空比 q,习惯上将占空比为 50%的波形称为方波。

7.2.3 三角波发生电路

1. 电路组成

三角波发生电路如图 7-20 所示,其中集成运放 A_1 组成滞回比较器,其反相

端接地；A_2 组成反相积分器。比较器 A_1 的输出 $u_{o1} = \pm U_Z$，后一级电路以 u_{o1} 为输入信号，由于积分的作用，输出必然线性上升（$u_{o1}<0$）或线性下降（$u_{o1}>0$）。

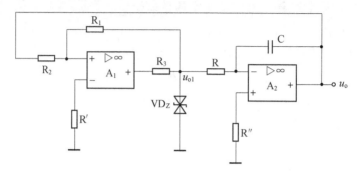

图 7-20　三角波发生电路

2. 工作原理

集成运放 A_1 同相输入端的电压由 u_o 和 u_{o1} 共同决定，$u_+ = \dfrac{R_2}{R_1+R_2}u_{o1} + \dfrac{R_1}{R_1+R_2}u_o$。当 $u_+>0$ 时，$u_{o1} = +U_Z$；当 $u_+<0$ 时，$u_{o1} = -U_Z$。即滞回比较器的翻转发生在 $u_+ = 0$ 的时刻，此时比较器的输入电压，即积分器的输出电压应该为 $u_o = \pm \dfrac{R_2}{R_1}U_Z$，即 $U_{T+} = \dfrac{R_2}{R_1}U_Z, U_{T-} = -\dfrac{R_2}{R_1}U_Z$。

假设在 $t=0$ 时刻接通电源，这时 $u_C=0, u_o=0$。设 $u_{o1}=-U_Z$，此刻 $u_+<0$，同时 u_o 线性上升，u_+ 也随之上升，当 $u_+ \geq 0$ 时，电路发生翻转，$u_{o1}=+U_Z$，电路输出达到 $u_o = U_{T+} = \dfrac{R_2}{R_1}U_Z$，如图 7-21 中 $0 \sim t_1$ 段所示。当 u_{o1} 变为正值后，u_o 从上升转为下降，u_+ 也从大于零逐渐下降；当 $u_+ \leq 0$ 时，电路再次发生翻转，$u_{o1}=-U_Z$，电路输出 $u_o = U_{T-} =$

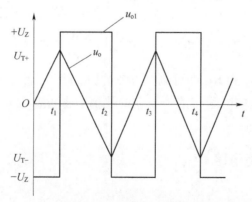

图 7-21　u_o 与 u_{o1} 的波形

$-\dfrac{R_2}{R_1}U_Z$,如图 7-21 中 $t_1 \sim t_2$ 段所示。此后电路将重复上述过程。如此周而复始,输出端便可得到三角波输出,如图 7-21 所示。

可以证明,三角波的振荡周期为 $T=\dfrac{4R_2RC}{R_1}$,与积分电路的时间常数 RC 及 R_2/R_1 成正比。三角波的峰值为 $\pm\dfrac{R_2}{R_1}U_Z$,与稳压管的 U_Z 及 R_2/R_1 成正比。

本 章 小 结

(1) 信号发生电路通常称为振荡器,用于产生一定频率和幅度的正弦波和非正弦波信号,因此,分为正弦波振荡器和非正弦波发生电路。

(2) 正弦波振荡器一般包括四个组成部分:放大电路、选频网络、正反馈网络和稳幅环节。

(3) 正弦波振荡器的起振条件为 $\dot{A}F>1$;平衡条件为 $\dot{A}F=1$。

(4) 正弦波振荡器分为 RC 正弦波振荡器、LC 正弦波振荡器和石英晶体振荡器。

RC 桥式振荡器用 RC 串并联网络作为选频网络,其振荡频率为 $f_0=\dfrac{1}{2\pi RC}$。

LC 正弦波振荡器用 LC 并联谐振回路作为选频网络,其振荡频率等于 LC 并联谐振回路的谐振频率,分为变压器反馈式、电感反馈式和电容反馈式等振荡器。

石英晶体振荡器利用石英晶体谐振器作为选频网络,其频率稳定度很高,分为串联型和并联型。

(5) 电压比较器是组成非正弦波发生电路的基本单元电路,基本功能是对输入端的两个电压进行比较,在输出端输出比较结果。电压比较器分为简单比较器和滞回比较器。

(6) 方波发生电路是由一个滞回比较器和一个 RC 充放电回路组成。滞回比较器起开关作用,RC 网络除了反馈作用以外还起延迟作用,稳压管的作用是将滞回比较器的输出电压限制在稳压管的稳定电压值 $\pm U_z$。

(7) 三角波发生电路是由一个滞回比较器和一个积分电路组成。滞回比较器的输出加在积分电路的反相输入端,而积分电路的输出又接到滞回比较器的同相输入端,控制滞回比较器输出端的状态发生跳变,从而在积分电路的输出端得到周期性的三角波。

思考与练习题

一、填空题

1. 按产生的交流信号波形的不同,可将信号发生电路分为_____和_____两大类。

2. 放大电路是采用_____来改善放大电路的性能;而信号发生电路中是用_____来实现振荡信号的输出。

3. 正弦波振荡器的起振条件为_____;平衡条件为_____。

4. RC 桥式振荡器用_____作为选频网络;LC 正弦波振荡器用_____作为选频网络;石英晶体振荡器用_____作为选频网络。频率稳定度最高的是_____。

5. _____是对输入端的两个电压进行比较,在输出端输出比较结果,实现了模拟信号向数字信号的转换。

二、选择题

1. 选择下面一个答案填入空内,只需填入 A、B 或 C。

    A. 容性   B. 阻性   C. 感性

(1) LC 并联网络在谐振时呈_____,在信号频率大于谐振频率时呈_____,在信号频率小于谐振频率时呈_____。

(2) 当信号频率等于石英晶体的串联谐振频率或并联谐振频率时,石英晶体呈_____;当信号频率在石英晶体的串联谐振频率和并联谐振频率之间时,石英晶体呈_____;其余情况下石英晶体呈_____。

(3) 当信号频率 $f=f_0$ 时,RC 串并联网络呈_____。

2. 振荡器的输出信号最初是由_____而定。

    A. 基本放大器   B. 选频网络   C. 干扰或噪声信号

3. 组成 RC 桥式振荡器的基本放大器的放大倍数应为_____。

    A. 等于 1   B. 小于等于 3   C. 大于等于 3

4. 石英晶体振荡器的振荡频率与下面各种因素中的_____有关。

    A. 晶体的切割方式、几何尺寸

    B. 电源电压波动

    C. 电路其他参数

三、简答题

1. 正弦波振荡电路产生振荡的条件是什么?
2. 正弦波振荡电路一般由哪几部分组成?各部分的作用是什么?

3. 为什么滞回比较器比简单比较器抗干扰性能好？

四、作图与计算题

1. 如图 7-22 所示 RC 桥式振荡电路中，$R=8.2\text{k}\Omega$，$C=0.01\mu\text{F}$，$R_1=10\text{k}\Omega$，则 R_F 阻值应大于多少？其温度系数是正还是负？试计算振荡频率。

2. 如图 7-23 所示电路，设运放是理想的，稳压管的稳定电压为 6V，参考电压 $U_{\text{REF}}=3\text{V}$。试画出电路的电压传输特性曲线；当输入信号 $u_i=6\sin\omega t(\text{V})$ 时，画出输入输出信号的波形。

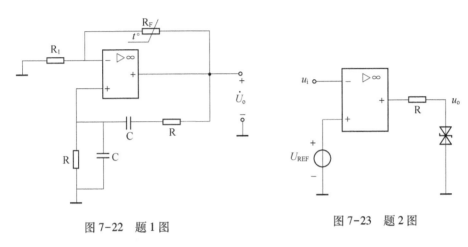

图 7-22　题 1 图　　　　　　图 7-23　题 2 图

3. 晶体振荡电路如图 7-24 所示，试画出交流通路，说明它属于哪种类型的晶体振荡电路，并指出晶体在电路中的作用。

4. 指出图 7-25 中构成何种类型的正弦波振荡电路，并计算振荡频率。

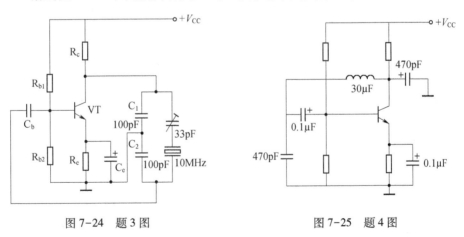

图 7-24　题 3 图　　　　　　图 7-25　题 4 图

5. 分析如图 7-26 所示波形产生电路的工作原理，说明电路中各元件的作用，画出 u_{o1}、u_o 的波形，并写出振荡频率的表达式。

6. LC 正弦波振荡电路如图 7-27 所示，试标出次级线圈的同名端，使之满足振荡的相位条件,并求振荡频率。

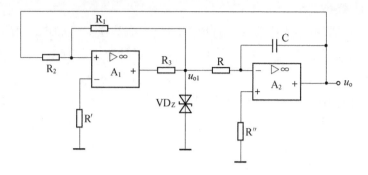

图 7-26　题 5 图

7. 如图 7-28 所示电路为某同学所接的方波发生电路,试找出图中的三个错误,并改正。

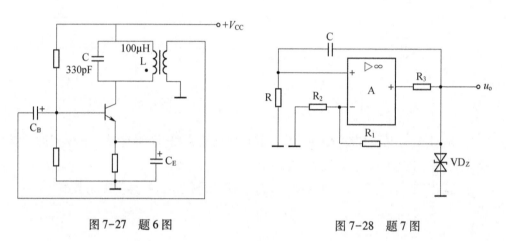

图 7-27　题 6 图　　　　　　　　图 7-28　题 7 图

第8章 低频功率放大电路

【学习目标】
(1) 理解功率放大电路的特点、分类以及改善功率放大电路输出的措施。
(2) 掌握OCL电路的组成、工作原理以及性能指标的分析计算。
(3) 理解交越失真及改善交越失真的方法,分析实用OCL电路。
(4) 掌握OTL电路的组成、工作原理以及性能指标的分析计算。
(5) 了解集成功率放大电路的应用。

实际电子技术应用中,当线路中负载为扬声器、记录仪表、继电器或伺服电动机等设备时,就要求它能为负载提供足够大的交流功率,使之能够带动负载。通常把这种电子线路的输出级称为功率放大电路,简称"功放"。功放电路中的晶体管称为功率放大管,简称"功放管"。

8.1 低频功率放大电路概述

功率放大电路按放大信号的频率,可分为低频功率放大电路和高频功率放大电路。前者用于放大音频范围(几十赫兹至几十千赫兹)的信号,后者用于放大射频范围(几百千赫兹至几十兆赫兹)的信号。从能量控制和转换的角度看,功率放大电路与其他放大电路在本质上没有根本的区别,只是功放既不是单纯追求输出高电压,也不是单纯追求输出大电流,而是追求在电源电压确定的情况下,输出尽可能大的功率。因此,从功放电路的组成和分析方法,到其元器件的选择,都与小信号放大电路有着明显的区别。

8.1.1 功率放大电路的特点和要求

1. 具有足够大的输出功率

为了获得尽可能大的功率输出,要求功放管工作在接近"极限运用"的状态。选管子时应考虑管子的三个极限参数 I_{CM}、P_{CM} 和 $U_{(BR)CEO}$。

2. 效率尽可能高

功放是以输出功率为主要任务的放大电路。由于输出功率较大,造成直流电源消耗的功率也大,效率的问题突显。在允许的失真范围内,期望功放管除了能够满足所要求的输出功率外,应尽量减小其损耗,尽量提高管子的工作效率。

3. 非线性失真尽可能小

功放是对经过电压放大后的大信号的放大,几乎工作在极限值状态,不可避免地会产生非线性失真,而且同一功放管的失真情况会随着输出功率的增大而越发严重。技术上常对电声设备要求其非线性失真尽量小,最好不发生失真。而在控制电动机和继电器等方面,则要求以输出较大功率为主,对非线性失真的要求不是太高。应考虑将失真限制在允许范围内,亦即失真也要尽可能的小。

另外,由于功放管工作在"极限运用"状态,因此,有相当大的功率消耗在功放管的集电结上,从而造成功放管结温和管壳温度升高。所以,管子的散热问题及过载保护问题也应充分予以重视,并采取适当措施,使功放管能有效的散热。

8.1.2 功率放大电路的分类

功率放大电路类型根据静态工作点处于负载线的中点、近截止区和截止区的位置,分别称为甲类、甲乙类和乙类功率放大电路,其集电极电流的导通角 θ 分别如图 8-1 所示。

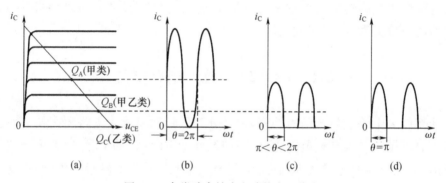

图 8-1　各类功率放大电路静态工作点
(a) 工作点位置;(b) 甲类;(c) 甲乙类;(d) 乙类。

根据三极管在输入信号一个周期上导通时间的长短,功率放大电路可分为甲类、乙类、甲乙类和丙类等几种工作状态。

1. 甲类工作状态

在输入信号的整个周期内,三极管都处于导通状态,称为甲类工作状态。如图 8-1(a)所示,三极管的静态工作点 Q_A 一般设置在特性曲线的中点处。在甲类工作状态下,电路中的信号波形如图 8-1(b)所示,可见在没有输入信号的情况下,直流电源需提供较大的直流功率,它消耗在三极管和电阻元件上,即静态管耗大,效率较低。在理想情况下,甲类工作状态下的放大电路其最高效率为 50%。

当有信号输入时,部分直流功率转换为信号功率输出。甲类工作状态主要用于电压放大器。

2. 乙类工作状态

三极管只在输入信号的半个周期内处于导通状态,称为乙类工作状态。电路中的信号波形如图 8-1(d)所示,三极管的静态工作点 Q_C 设置在特性曲线的 $I_{CQ}=0$ 处,乙类状态的静态功耗即电源提供的静态功率为零。在理想情况下,乙类工作状态的放大电路其能量转换效率最高可达78.5%。

3. 甲乙类工作状态

介于甲类和乙类之间,即三极管在输入信号的半个周期以上的时间内处于导通状态,称为甲乙类工作状态。信号波形如图 8-1(c)所示。甲乙类工作状态的电路转换效率接近乙类工作状态。

功率放大电路中还有一类工作状态,三极管的导通角小于输入信号的半个周期,称丙类工作状态。

虽然乙类、甲乙类工作状态的转换效率比甲类工作状态的转换效率有了较大的提高,但是乙类、甲乙类工作状态都存在波形严重失真的问题,必须在电路结构上采取措施,以解决波形严重失真的问题。两者都必须采用两个管子组成的互补对称功率放大电路才能进行工作。

8.1.3 改善功率放大电路输出的措施

1. 提高输出功率的方法

功率放大管的输出功率取决于其输出电压和输出电流的大小,可通过如下两条途径提高输出功率。

1)提高电源电压

选用耐压高、容许工作电流大和耗散功率大的器件。集电极与发射极间反向击穿电压要大于管子实际工作电压的最大值;集电极最大允许电流要大于管子实际工作电流最大值;集电极允许的耗散功率要大于集电极实际耗散功率的最大值。

2)改善器件的散热条件

直流电源提供的功率,有相当一部分消耗在功率放大管上,使功率放大管的温度升高,如果功率放大管的散热条件不好,就极易烧毁。为此通常采取散热或强迫冷却的措施,如对功率放大管加装散热片或冷却风扇等。

普通功率放大管外壳较小,散热效果差,允许的功耗功率较低;而加装散热片后,输出功率可以提高很多。例如,低频大功率管 3AD6 在不加散热片时,允许的最大功耗仅为 1W,加装 120mm×120mm×4mm 的散热片后,其最大功耗可达到

10W。实际功率放大电路中,为了提高输出功率,功率放大管上一般加装有散热片。具体功放管加装多大的散热片可在双极型晶体管器件手册中查到。

2. 提高效率的方法

功率放大电路的效率等于放大电路输出功率与电源提供直流功率的比值。要提高效率,应提高输出功率,降低电源供给功率。通常采用以下办法。

1)改变功放管的工作状态

将功放管的静态工作点 Q 从中间位置向下移,功放管只在半个信号周期内导通,导通角 $\theta=180°$,工作在乙类放大状态。在此状态下,功放管静态电流为零,因此,直流电源功率为零。当输入信号加大时,电源提供的功率逐渐增大,输出信号的功率也随之增大,所以乙类功率放大电路效率比甲类要高。由于乙类放大电路静态电流等于零,输出波形将产生严重的失真,为了弥补效率与失真的矛盾,在电路上采用了互补对称的形式,即用两个特性相同但极性相反的管子,静态电流均为零,使两管轮流导通,各自放大半个周期信号,保证负载上获得完整的正弦波形。

2)选择最佳负载

功放管无论工作在哪种状态下,当负载改变时,交流负载线的斜率要改变,输出电流的峰值也随之改变,故输出功率也发生变化。对于给定电路,电源电压 V_{CC} 是确定的,过 V_{CC} 点作 P_{CM} 线的切线,该切线对应的负载即为最佳负载。

8.2 乙类双电源互补对称功率放大电路(OCL)

甲类功率放大电路静态功耗大,所以大多采用乙类功率放大电路。但乙类功率放大电路只能放大半个周期的信号,为了解决这个问题,常用两个对称的乙类放大电路分别放大输入信号的正、负半周,然后合成为完整的波形输出,即利用两个乙类放大电路的互补特性,完成整个周期信号的放大。

8.2.1 电路组成及其工作原理

图 8-2 是乙类双电源互补对称功率放大电路,又称无输出电容的功率放大电路,简称 OCL(Output Capacitor Less)电路。VT_1 为 NPN 型管,VT_2 为 PNP 型管,两管参数完全对称,称为互补对称管。两管构成的电路形式都为射极输出器,电路工作原理分析如下。

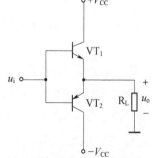

图 8-2 乙类双电源互补对称功率放大电路

1. 静态分析

由于电路无偏置电压,故两管的静态工作点参数

U_{BEQ}、I_{BQ} 和 I_{CQ} 均为零,工作点位于横坐标轴上,所以,电路属于乙类工作状态。由图 8-2 可知,静态时负载中流过的电流也为零。

2. 动态分析

当输入信号 u_i 为正弦波的正半周期时,VT_1 管发射结承受正向电压,VT_2 管发射结承受反向电压,所以,VT_1 导通,VT_2 截止,等效电路如图 8-3(a)所示,发射极跟随输出,在 R_L 上获得正半周信号电压,且 $u_o \approx u_i$;当输入信号 u_i 为正弦波的负半周期时,VT_1 管发射结承受反向电压,VT_2 管发射结承受正向电压,所以,VT_1 截止,VT_2 导通,等效电路如图 8-3(b)所示,发射极跟随输出,在 R_L 上获得负半周信号电压,且 $u_o \approx u_i$;波形图如图 8-3(c)所示。这样在负载上就获得了完整的正弦波信号电压。输出电压 u_o 虽然没有放大,但由于三极管的电流放大作用,电路具有电流放大作用,因此,具有功率放大作用。这种电路的结构和工作情况处于对称状态,且两管在信号的两个半周期内轮流导通工作,故称为互补对称电路。

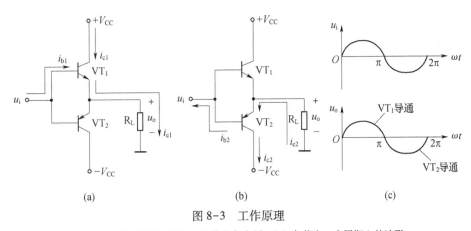

图 8-3 工作原理

(a) u_i 工作在正半周;(b) u_i 工作在负半周;(c) 负载在一个周期上的波形。

8.2.2 参数分析计算

对功率放大电路均以输入信号是正弦波为前提,来分析计算输出功率、直流电源提供的功率、管耗及效率等参数。

1. 输出功率

由于在输出端获得的电压和电流均为正弦信号,根据功率的定义得

$$P_o = U_o I_o = \frac{U_{om}}{\sqrt{2}} \times \frac{I_{om}}{\sqrt{2}} = \frac{1}{2} \frac{U_{om}^2}{R_L} \qquad (8-1)$$

式(8-1)表明,当负载 R_L 一定时,功率放大电路输出功率的大小与输出信号电压幅值的平方成正比。由于功放是射极输出器,当输入信号足够大时,则输出

电压的最大值可近似为 $U_{om} = V_{CC} - U_{CES} \approx V_{CC}$，因此，获得最大输出功率为

$$P_{om} = \frac{1}{2} \frac{(V_{CC} - U_{CES})^2}{R_L} \approx \frac{1}{2} \frac{V_{CC}^2}{R_L} \qquad (8-2)$$

2. 直流电源提供的功率

两个直流电源各提供半个周期的电流，其峰值为 $I_{om} = U_{om}/R_L$。故每个电源提供的平均电流为

$$I_V = \frac{1}{2\pi} \int_0^\pi I_{om} \sin(\omega t) \mathrm{d}(\omega t) = \frac{I_{om}}{\pi} = \frac{U_{om}}{\pi R_L} \qquad (8-3)$$

因此，两个电源提供的功率为

$$P_V = 2I_V V_{CC} = \frac{2}{\pi R_L} U_{om} V_{CC} \qquad (8-4)$$

输出最大功率时，电源提供的功率也最大，即

$$P_{Vm} = \frac{2}{\pi R_L} V_{CC}^2 \qquad (8-5)$$

3. 管子平均管耗和最大管耗

管子所消耗平均功率是由直流电源提供功率的一部分转化为功率输出后，其余部分消耗在功率管上转为热量，引起管温升高及散发热量，利用式(8-1)和式(8-4)可得

$$P_{VT1} = P_{VT2} = \frac{1}{2}(P_V - P_o) = \frac{1}{R_L}\left(\frac{U_{om}}{\pi} V_{CC} - \frac{1}{4} U_{om}^2\right) \qquad (8-6)$$

由于 P_V 和 P_o 都与输出电压的幅值 U_{om} 有关，所以，可用求极值的方法求出最大管耗时的输出电压幅值 U_{om}。对式(8-6)求导并令其为零，可求得 $U_{om} = 2V_{CC}/\pi$ 时，管耗最大，代入式(8-6)得到每只管子的最大管耗为

$$P_{Tmax} = \frac{1}{\pi^2} \frac{V_{CC}^2}{R_L} \approx 0.2 P_{om} \qquad (8-7)$$

4. 效率

功率放大电路的效率是指输出功率与电源提供的功率之比，当 $U_{om} \approx V_{CC}$ 时，有

$$\eta = \frac{P_o}{P_V} = \frac{\pi}{4} \times \frac{U_{om}}{V_{CC}} \approx \frac{\pi}{4} \approx 78.5\% \qquad (8-8)$$

实际应用电路由于饱和管压降和静态电流不为零，其效率要比此值低。

5. 三极管参数

三极管的极限参数有 P_{CM}、I_{CM}、$U_{(BR)CEO}$，应满足下列关系式：三极管集电极的

最大允许功耗 $P_{CM} \geq P_{Tmax} = 0.2P_{om}$；三极管的最大耐压 $U_{(BR)CEO} \geq 2V_{CC}$，这是因为一个管子饱和导通时，另一个管子承受的最大反压为 $2V_{CC}$；三极管集电极的最大电流 $I_{CM} \geq V_{CC}/R_L$。

8.3 甲乙类互补对称功率放大电路

乙类双电源互补对称功率放大电路结构简单，但实用上存在一些问题。在乙类互补对称功率放大电路中，静态时三极管处于截止区。由于三极管存在死区电压，当输入信号 u_i 小于死区电压时，三极管 VT_1、VT_2 仍不导通，输出电压 u_o 也为零。因此，在输入信号正、负半周交接的附近，无输出信号，输出波形出现一段失真，如图 8-4 所示，这种失真称为交越失真。

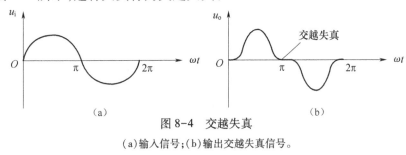

图 8-4 交越失真

(a)输入信号；(b)输出交越失真信号。

8.3.1 实用的甲乙类双电源互补对称功率放大电路

1. 交越失真的改善

为了减小和克服交越失真，通常在两个互补管的基极之间加上两个二极管或电阻与二极管的组合，以供给两管一定的正偏压 U_{BB}，使在静态时两管处于微导通状态，产生静态工作电流 I_B，而负载流过的射极静态电流等值相反，不产生输出信号，从而消除了交越失真。电路此时的工作状态为甲乙类，组成的电路称为甲乙类双电源互补对称功率放大电路。一般所加偏置电压，以刚好消除交越失真为宜。如果太大，工作点 Q 会较高，静态电流 I_C 太大，使静态功耗过大，易导致功率管过热损坏。消除交越失真的具体电路如图 8-5 所示。

图 8-5(a) 是利用 VT_3 组成的前置激励电压放大级上的集电极静态电流 I_{C3} 通过 VD_1、VD_2 和 R_W 形成直流压降 U_{B1B2}，其值约为两管的导通电压之和。静态时，两管处于微导通的甲乙类工作状态，产生静态工作电流 $I_{B1} = -I_{B2}$，这时虽有静态电流 $I_{E1} = -I_{E2}$ 通过负载 R_L，但互为等值反向，不产生输出信号。而在正弦信号作用下，输出为一个完整不失真的正弦波信号。这种电路的缺点是不易调节，尤其当电位器滑点接触不良，R_W 上全部电阻会形成过大偏压，使功放管静态电流过大而

发热损坏。故实际电路常用调节后确定阻值的固定电阻取代。

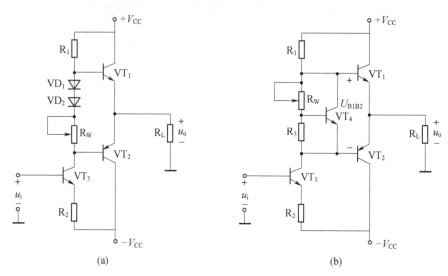

图 8-5 偏置电路
（a）利用二极管和 R_W 形成偏置电压；（b）利用 U_{BE} 倍压电路产生偏置电压。

图 8-5(b)是利用 U_{BE} 倍压电路向 VT_1、VT_2 提供所需偏压。由于流入 VT_4 的基极电流远小于 R_3、R_W 上的电流，而 VT_4 的 U_{BE4} 基本不变，因此，可得：$U_{B1B2}=U_{BE4}(1+R_W/R_3)$，调节电位器 R_W 即可改变两个管子 VT_1 和 VT_2 发射结的偏置电压。这种方法常应用在模拟集成电路中。

2. 复合管

互补对称功率放大电路要求一对 NPN 和 PNP 功率输出管性能对称，但在实际上要求两个不同极性的大功率管特性完全一致比较困难，因此，常采用复合管来解决互补配对问题。

将两只或两只以上的功放管按一定原则连接在一起，组成一个等效的放大管称为复合管，又称为达林顿管。几种常见的复合管如图 8-6 所示，前一只 NPN 和 PNP 管均采用小功率管，而后一只管采用大功率管。复合管的输入电阻大大提高，同时增强了功率放大级射极输出器电流放大能力。它的缺点是穿透电流较大，温度稳定性较差。

根据图 8-6 中复合管 VT_1、VT_2 各级电流的流向和近似关系，可得出复合管连接原则和等效管型判断方法：①按 VT_1、VT_2 管相连的电极电流前后流向一致的原则连接；②复合管的等效管型取决于前一只管子的管型；③复合管总的电流放大系数是两个单管电流放大系数的乘积，即 $\beta=\beta_1\beta_2$。

3. 实用的甲乙类双电源互补对称功率放大电路

图 8-7 所示为复合管构成的甲乙类双电源互补对称功率放大电路。图 8-7

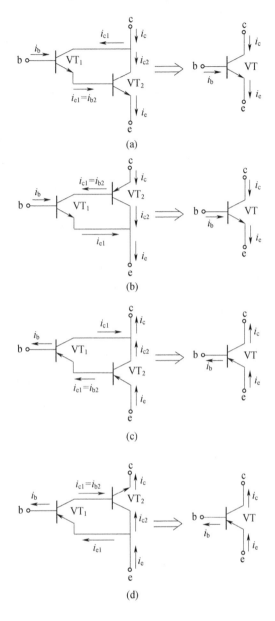

图 8-6 复合管的结构
(a) NPN 型；(b) NPN 型；(c) PNP 型；(d) PNP 型。

中,运算放大器 A 对输入信号先进行适当放大,以驱动功放管工作,常称为前置放大级。$VT_1 \sim VT_4$ 为复合管构成的功放管,VT_1 和 VT_3 组成 NPN 型复合管,VT_2 和 VT_4 组成 PNP 型复合管。VD_1、VD_2 和 VD_3 为功放管的基极提供静态偏置电压,使其静态时处于微导通状态,消除交越失真。R_3、R_1 和 C_2 组成电压串联负反馈,以改善放大器的性能。

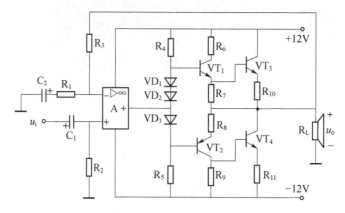

图 8-7　复合管构成的甲乙类双电源互补对称功率放大电路

8.3.2　甲乙类单电源互补对称功率放大电路(OTL)

双电源互补对称功率放大电路由于静态时输出端电位为零，负载可以直接连接，不需要耦合电容。因而，OCL 电路具有低频效应好、输出功率大、便于集成等优点，但需要双电源供电，使用起来有时会感到不便。如果采用单电源供电，只要在两管发射极与负载之间接入一个大容量电容即可。这种电路通常称为无输出变压器电路，简称 OTL(Output Transformer Less)电路，如图 8-8 所示。

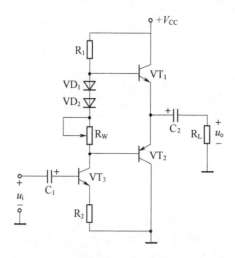

图 8-8　单电源互补对称功率放大电路

1. 电路组成

图 8-8 中，VT_1、VT_2 组成互补对称输出级，R_1、R_2、R_W、VD_1、VD_2 保证电路工作于甲乙类状态，C_2 为大电容。静态时，适当选择偏置电阻阻值，使两功放管发射极电压为 $V_{CC}/2$，电容 C_2 两端的电压也稳定在 $V_{CC}/2$，这样两管的集、射极之间如

同分别加上了 $V_{CC}/2$ 和 $-V_{CC}/2$ 的电源电压。

2. 工作原理

在输入信号 u_i 正半周，VT_1 导通，VT_2 截止，VT_1 以射极输出器形式将正向信号传送给负载，同时对电容 C_2 充电；在输入信号 u_i 负半周，VT_1 截止，VT_2 导通，已充电的电容 C_2 代替负电源向 VT_2 供电，使 VT_2 也以射极输出器形式将负向信号传送给负载。只要电容 C_2 的容量足够大，使其充、放电时间常数 R_LC_2 远大于信号周期 T，就可以认为在信号变化过程中，电容两端电压基本保持不变。这样，负载 R_L 上就可得到一个完整的信号波形。

与 OCL 电路相比，OTL 电路少用一个电源，故使用方便。但由于输出端的耦合电容容量大，电容器内铝箔卷圈数多，呈现的电感效应大，它对不同频率的信号会产生不同的相移，输出信号有附加失真，这是 OTL 电路的缺点。从基本工作原理上看，两个电路基本相同，只是在单电源互补对称电路中每个功放管的工作电压不是 V_{CC}，而是 $V_{CC}/2$，因此，前面导出的输出功率、管耗和最大管耗等估算公式，要加以修正才能使用。

8.4 集成功率放大器

集成功率放大器具有体积小、重量轻、成本低、外围连接元件少、调试简单、可靠性高、使用方便等优点，随着线性集成电路的发展，集成功率放大器的应用日益广泛。下面以 LM386 集成音频功率放大器为例，对集成功率放大器的应用作简单介绍。

LM386 是使用较为广泛的一种单电源音频集成功率放大器，其内部电路如图 8-9 所示。该电路可分为三部分，即输入级、中间级和输出级。

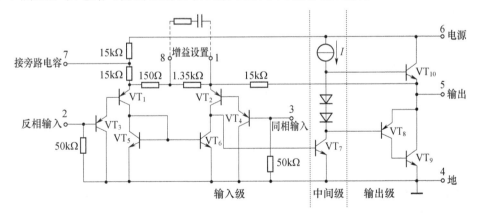

图 8-9 LM386 内部电路

输入级为差分放大电路，VT_1 和 VT_3、VT_2 和 VT_4 分别构成复合管，作为差分放大电路的放大三极管；VT_5 和 VT_6 组成镜像电流源作为 VT_1 和 VT_2 的有源负载；信号从 VT_3 和 VT_4 管的基极输入，从 VT_2 管的集电极输出，为双端输入单端输出差分电路，有源负载可使单端输出电路的增益得到提高。中间级为共射放大电路，VT_7 为放大三极管，恒流源作为有源负载，以增大放大倍数。输出级中的 VT_8 和 VT_9 管复合成 PNP 型管，与 NPN 型管 VT_{10} 构成准互补输出级。二极管为输出级提供合适的偏置电压，可以消除交越失真。

图 8-10 是 LM386 的引脚排列图。
其主要性能指标为

电源电压	4~18V
静态电流	4mA
电压放大倍数	20~200 倍
输入电压	±0.4V
封装功耗	660mW

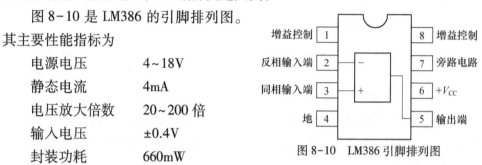

图 8-10 LM386 引脚排列图

LM386 的典型接法如图 8-11 所示。交流输入信号加在 LM386 的同相输入端，反相输入端接地。输出端通过一个大电容接到负载电阻（扬声器）上，此时 LM386 组成 OTL 互补对称电路。6 脚接直流电源，4 脚接地，7 脚通过旁路电路接地。1、8 脚之间接入一个 10μF 电容。由于扬声器为感性负载，容易使电路产生自激振荡或过压，损坏集成块，故在电路的输出端接入 10Ω 电阻和 0.05μF 电容的串联回路进行补偿。

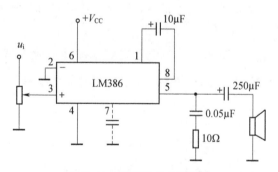

图 8-11 LM386 的典型接法

本 章 小 结

（1）功率放大电路是多级放大电路的输出级，需要输出足够大的功率推动负载工作。要求功率放大器输出功率大、效率高、非线性失真小，并保证功放管安全可靠的工作。

（2）功率放大电路按三极管静态工作点的位置不同分为甲类、乙类、甲乙类。与甲类功率放大电路相比，乙类互补对称功率放大电路具有效率高的优点，在理想情况下，其最大效率可达 78.5%。但由于三极管输入特性存在死区电压，乙类互补对称功率放大电路会产生交越失真，克服交越失真的方法是采用甲乙类互补对称电路。

（3）互补对称功率放大电路有 OCL 和 OTL 两种电路，前者为双电源供电，后者为单电源供电。在求输出功率、效率、管耗和电源提供的功率等参数时，应注意 OCL 和 OTL 电路的不同。

（4）集成功率放大器具有输出功率大、外围连接元件少、使用方便等优点。LM386 是一种音频集成功放，具有自身功耗低、电压增益可调整、电源电压范围大、外接元件少等优点，广泛应用于录音机和收音机之中。

思考与练习题

一、填空题

1. 功率放大电路是多级放大电路的_____级，需要输出足够大的功率推动负载工作。

2. 功率放大管的输出功率取决于其输出电压和输出电流的大小，可通过提高_____和改善器件的_____提高输出功率。

3. 乙类互补功率放大电路的效率较高，在理想情况下可达_____。

4. 在乙类互补对称功率放大电路中，输入信号正、负半周交接的附近无输出信号，输出波形出现一段失真，这种失真称为_____。

5. 将两只或两只以上的功放管按一定原则连接在一起，组成一个等效的放大管称为复合管，又称为_____。

二、选择题

1. 功率放大电路的输出功率是指_____。

    A. 电源供给的功率

    B. 直流信号和交流信号叠加的功率

    C. 负载上的交流功率

2. 功率放大电路的效率是指_____。

    A. 输出功率与输入功率之比

    B. 最大不失真输出功率与电源提供的功率之比

    C. 输出功率与功放管上消耗的功率之比

3. 功率放大电路的效率主要与_____有关。

A. 电路的工作状态

   B. 电路输出的最大功率

   C. 电源供给的直流功率

4. 甲类功放电路的效率低是因为_____。

   A. 只有一个功放管　　　B. 静态电流过大　　　C. 管压降过大

5. 乙类功放电路存在_____问题。

   A. 效率低　　　　　　B. 交越失真　　　　　C. 非线性失真

三、分析与简答题

1. 功率放大电路按三极管静态工作点的位置不同分为几类？效率最高的是哪类？

2. 功率放大电路与电压放大电路的共同点与区别是什么？

3. 在选择功率放大电路中的晶体管时，应当特别注意的参数有哪几个？

4. 如何改善乙类互补对称功率放大电路的交越失真？

四、作图与计算题

1. 在 OCL 和 OTL 功率放大电路中，已知电源 V_{CC} 均为 12V，负载均为 8Ω，不计管子的饱和压降，试求：

（1）两个电路的最大输出功率和两个电路中电源消耗的功率。

（2）两个电路中三极管的最大功耗、最大集电极电流和最大耐压。

2. 在如图 8-12 所示电路中，已知三极管为互补对称管，试求：

（1）电路的电压放大倍数。

（2）最大不失真输出功率 P_{omax}。

（3）每个三极管的最大管耗 P_{Tmax}。

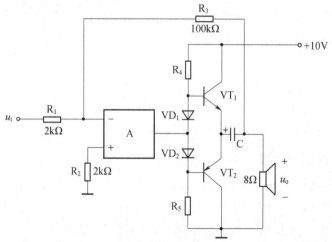

图 8-12　题 2 图

3. 如图 8-6 所示,验证复合管总的电流放大系数是两个单管电流放大系数的乘积,即验证 $\beta=\beta_1\beta_2$。

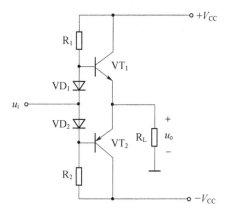

图 8-13　题 4 图

4. 已知电路如图 8-13 所示,VT_1 和 VT_2 管的饱和压降 $|U_{CES}|=3V$,$V_{CC}=15V$,$R_L=8\Omega$,回答下列问题:

(1) 电路中 VD_1 和 VD_2 管的作用是什么?

(2) 静态时,晶体管发射极电位 U_{EQ} 是多少?

(3) 最大输出功率 P_{om} 为多大?

5. 电路如图 8-14 所示,已知 VT_1 和 VT_2 的饱和管压降 $|U_{CES}|=2V$,直流功耗可忽略不计。回答下列问题:

(1) R_3、R_4 和 VT_3 的作用是什么?

(2) 负载上可能获得的最大输出功率 P_{om} 和电路的转换效率 η 各为多少?

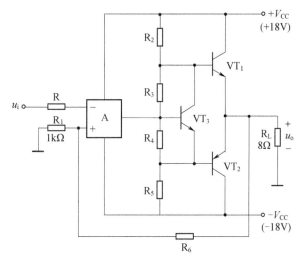

图 8-14　题 5 图

（3）设最大输入电压的有效值为1V。为了使电路的最大不失真输出电压的峰值达到16V，电阻 R_6 至少应取多少千欧？

6. OTL电路如图8-15所示，试问：

（1）为了使最大不失真输出电压幅值最大，静态时 VT_2 管的发射极电位应为多少？若不合适，则一般应调节哪个元件参数？

（2）若 VT_2 和 VT_4 管的饱和管压降 $|U_{CES}|=3V$，输入电压足够大，则电路的最大输出功率 P_{om} 和效率 η 各为多少？

（3）VT_2 和 VT_4 管的 I_{CM}、$U_{(BR)CEO}$ 和 P_{CM} 应如何选择？

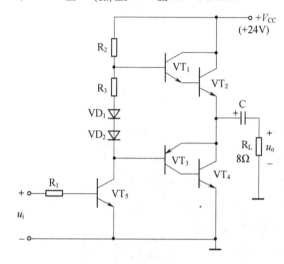

图 8-15 题 6 图

第9章 直流稳压电源

【学习目标】
(1) 了解直流稳压电源的组成,掌握整流电路的工作原理。
(2) 了解滤波电路的结构和组成,掌握稳压二极管的应用。
(3) 了解开关稳压电源的电路结构,熟悉开关电源的特点和应用。
(4) 了解集成稳压器的结构,掌握三端集成稳压器的应用。

电子电路工作时都需要稳定的直流电源提供能量,除了少量小功率设备使用电池外,一般采用由交流电经变压、整流、滤波和稳压后得到的直流电源。将交流电变换为直流电的设备叫做整流器,图 9-1 所示是一个具体的直流稳压电源电路结构框图。

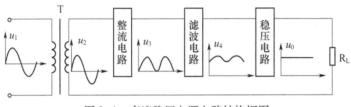

图 9-1 直流稳压电源电路结构框图

本章主要学习上述电路的结构和工作原理。

9.1 整 流 电 路

整流电路都是利用二极管的单向导电性来将交流电变换为脉动的直流电,整流二极管正向导通时电阻视为零,反向截止时电阻视为无穷大。通常先由整流变压器将交流电降压至符合整流所需要的交流电压值,再经整流电路输出脉动直流电压。本节主要介绍单相整流电路。

9.1.1 单相半波整流电路

图 9-2 所示为纯电阻负载单相半波整流电路,T 为整流变压器,VD 为整流二极管,整流变压器将电压 u_1 变为整流电路所需的电压 u_2。u_2 是正弦交流电,其表

达式为

$$u_2 = \sqrt{2}U_2\sin\omega t \qquad (9-1)$$

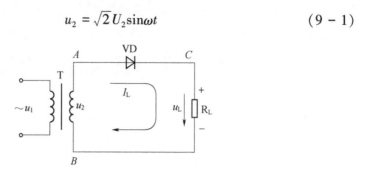

图 9-2 单相半波整流电路

1. 工作原理

设在交流电压正半周($t_1 \sim t_2$),A 端电位比 B 端电位高,二极管 VD 因加正向电压而导通,电流 I_L 的通路是 $A \rightarrow VD \rightarrow C \rightarrow R_L \rightarrow B \rightarrow A$。因把二极管当做理想二极管,故 A 点电位和 C 点电位相等,则 u_2 全部加到负载 R_L 上。

在交流电压负半周($t_1 \sim t_2$),A 端电位比 B 端电位低,二极管 VD 承受反向电压而截止,u_2 全部降落在二极管 VD 上,负载 R_L 上电压基本为零。在交流电一个周期内,二极管半个周期导通半个周期截止,以后周期性重复上述过程。

2. 负载 R_L 上的直流平均电压和电流

输出脉动直流电压的平均值 U_L 为

$$U_L = \frac{1}{2\pi}\int_0^\pi \sqrt{2}U_2\sin\omega t\,d\omega t$$

$$= \frac{2\sqrt{2}}{2\pi}U_2 \approx 0.45U_2 \qquad (9-2)$$

式中:U_2 为整流输入端交流电压的有效值。

通过负载 R_L 的直流电流的平均值 I_L 为

$$I_L = \frac{U_L}{R_L} \approx 0.45\frac{U_2}{R_L} \qquad (9-3)$$

3. 整流二极管上的平均电流和最大反向电压

通过二极管的平均电流 I_{FD} 与 R_L 上通过的平均电流相等,即 $I_{FD} = I_L$。由于二极管在 u_2 负半周时截止,它承受全部 u_2 反向电压,所以,二极管所承受的最大反向电压 U_{RM} 就是 u_2 的最大值,即

$$U_{RM} = \sqrt{2}U_2 \qquad (9-4)$$

图 9-3 所示为单相半波整流电路电压波形图,从图中可以看出,此电路虽然

简单,使用的器件少,但是输出电压脉动大,电源利用效率不高。

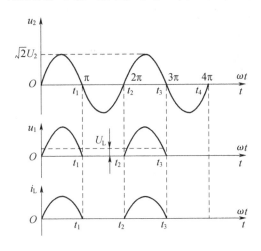

图 9-3　单相半波整流电路电压波形

9.1.2　单相桥式整流电路

为了克服半波整流只能利用电源半个周期,电源利用效率不高,输出电压脉动较大的缺点,一般采用如图 9-4 所示的单相桥式整流电路,它由四只二极管接成电桥形式,实际中四个管子常常集成为桥堆。

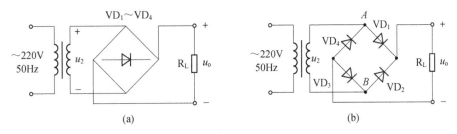

图 9-4　单相桥式整流电路
（a）一般画法；（b）常规画法。

1. 工作原理

如图 9-4(b)所示在交流电压正半周($0 \sim t_1$),A 点电位高于 B 点电位。二极管 VD_1、VD_3 正偏导通,VD_2、VD_4 反偏截止,电流 I_L 的通路是 $A \to VD_1 \to R_L \to VD_3 \to B \to A$,在负载 R_L 上得到一个上正下负的半波电压。

在交流电压负半周($t_1 \sim t_2$),B 点电位高于 A 点电位,二极管 VD_2、VD_4 正偏导通,二极管 VD_1、VD_3 反偏截止,电流 I_L 的通路是 $B \to VD_2 \to R_L \to VD_4 \to A \to B$,同样,在负载 R_L 上得到一个上正下负的半波电压。

在单相桥式整流电路中,正弦波相位 0°,360°,720°⋯是 VD_2、VD_4 导通转换为 VD_1、VD_3 导通的自然转换点;而正弦波相位 180°,540°,900°⋯是 VD_1、VD_3 导通转换为 VD_2、VD_4 导通的自然转换点,如图 9-5 所示。

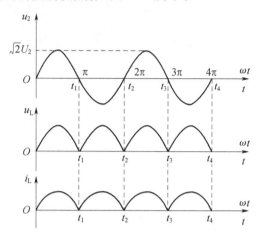

图 9-5 单相桥式整流电路电压波形

2. 负载 R_L 上的直流平均电压和电流

负载 R_L 上的直流平均电压值为单相半波整流电路负载平均电压的二倍,即

$$U_L \approx 0.9 U_2 \qquad (9-5)$$

负载 R_L 上的直流平均电流为

$$I_L = \frac{U_L}{R_L} \approx 0.9 \frac{U_2}{R_L} \qquad (9-6)$$

3. 整流二极管上的平均电流和最大反向电压

每只二极管只有半周是导通的,所以,流过每只二极管的平均电流只有负载电流的一半,即

$$I_F = \frac{1}{2} I_L \approx 0.45 \frac{U_2}{R_L} \qquad (9-7)$$

每只二极管承受的最大反向电压也是 u_2 的峰值,即

$$U_{RM} = \sqrt{2} U_2 \qquad (9-8)$$

图 9-5 为单相桥式整流电路的电压波形图,从图中可以看出,单相桥式整流电路输出电压脉动较小,每只整流二极管承受的最大反向电压和半波整流电路是一样,电源的利用率提高了一倍。

9.2 滤波电路

所谓滤波就是把脉动的直流电变为平滑的直流电,整流电路虽然将交流电变为直流电,但其中含有很多交流成分,滤波就是要保留脉动电压的直流成分,尽可能滤除它的交流成分。滤波电路直接接在整流电路后面,由电容器、电感器和电阻按照一定的方式组合而成。

9.2.1 电容滤波电路

大容量电容器 C 并联在负载两端,电容器在电路中有储存和释放能量的作用,电源供给的电压升高时,它把部分能量储存起来,而当电源电压降低时,就把能量释放出来,从而减少脉动成分,使负载电压比较平滑,即电容器具有滤波作用。图 9-6 所示为桥式整流电容滤波电路,图 9-7 所示为桥式整流滤波电路输出电压波形,图中实线部分为电容滤波电路输出电压波形,虚线部分为无电容滤波时输出电压波形。

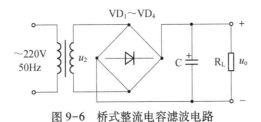

图 9-6 桥式整流电容滤波电路

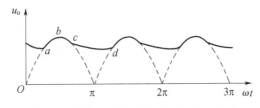

图 9-7 桥式整流滤波电路输出电压波形

1. 工作原理

在单相桥式整流电路的输出端接上大容量电容器 C 后,在 u_2 正半周和负半周,只要$|u_2|>u_c$,则二极管 VD_1、VD_3 与 VD_2、VD_4 轮流导通,此时 u_2 不仅经导通二极管向负载 R_L 提供电流,而且还对电容器 C 充电,直至 u_c 接近交流电压 u_2 的峰值 $\sqrt{2}U_2$。

当$|u_2|<u_c$时,四只二极管均受反相电压而截止,但电容器 C 将继续向负载 R_L 放电,维持输出电流。

电容器 C 如此周而复始地进行充放电，负载上便得到交流成分较小的输出电压，如图 9-7 所示，其波动比接入电容前明显减小。

2. 电容滤波对整流电路的影响

（1）接入滤波电容后二极管的导通时间变短。电容开始充电时，流过二极管的电流可能是很大的，尤其是开机瞬间，电容器中无电荷，充电电流很大，必须选用电流容量大的二极管。

（2）负载平均电压升高，交流成分（纹波）减小，如图 9-7 所示。这是由于二极管截止时电容器的放电作用产生的，放电速度越慢，负载电压中交流成分越小，负载平均电压越高。滤波电容是采用电解电容器，使用时电容器的极性不能接反。电容器的耐压应大于它实际工作时所承受的最大电压，即大于 $\sqrt{2}U_2$。

（3）负载上直流电压随负载电流增加而减小。如果负载 R_L 阻值小，电容器 C 放电就快，波形下降快，则输出电压的平均值 U_L 随之降低。常用 U_L 随 I_L 的变化关系来描述电容滤波的输出特性，即外特性。电容滤波在轻载时输出电压高，重载时输出电压低，外特性较差。

3. 输出电压平均值 U_L

经滤波后的输出电压平均值 U_L 得到了提高，工程上，一般按下式估算 U_L 与 U_2 的关系，即

$$U_L = 1.2\, U_2 \tag{9-9}$$

9.2.2 其他类型滤波电路

1. 电感滤波电路

如图 9-8 电路中串联带铁心的大电感线圈。由于电感线圈的直流电阻很小，脉动电压中直流分量很容易通过电感线圈，几乎全部加到负载上；而电感线圈对交流的阻抗很大，因此，脉动电压中的交流分量很难通过电感线圈，大部分都降落在电感线圈上。

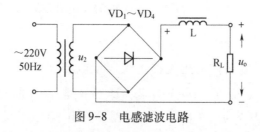

图 9-8 电感滤波电路

根据电磁感应原理，线圈通过变化的电流时，它的两端要产生自感电动势来阻碍其电流的变化，当整流输出电流增大时，它的抑制作用使电流只能缓慢上升；而整流输出电流减小时，它又使电流只能缓慢下降，这样就使得整流输出电流变

化平缓,其输出电压的平滑性比电容滤波好。

电感越大,滤波效果越好,但是其铜线直流电阻相应增加,铁心也需增大,结果使滤波器的铜耗和铁耗均增加,体积增大,成本上升,而且输出电流、电压下降。有的整流电路的负载是电感性负载,本身也能起到平滑脉动电流作用。

2. 复式滤波电路

1)LC 型滤波电路

如图 9-9 所示由电感滤波和电容滤波组成。脉动电压经过双重滤波,交流成分大部分被电感器阻止,再经过电容滤波,这样负载上的交流成分就很小,便可达到滤除交流成分的目的。

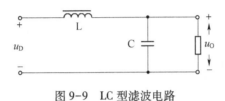

图 9-9　LC 型滤波电路

2)LCπ 型滤波电路

如图 9-10 所示为电容滤波和电感滤波电路的组合,其滤波效果更好,负载上的电压更平滑。由于 LC 因电容器充电会产生较大的充电电流,所以一般取 $C_1<C_2$,以减小浪涌电流。

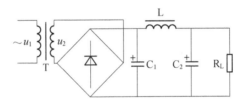

图 9-10　LCπ 型滤波电路

3)RCπ 型滤波电路

如图 9-11 所示,在负载电流不大的情况下,为降低成本,缩小体积,减轻重量,常选用电阻器 R 来代替电感器 L,其中 $R \ll R_L$。

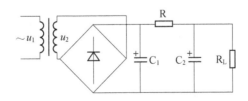

图 9-11　RCπ 型滤波电路

当使用一级复式滤波达不到对输出电压的平滑性要求时,可以增添级数。

9.3 稳压电路

实际工作中,由于电网电压的波动和负载的改变,使得负载两端的电压是不稳定的。稳压电路的功能就是当电网电压波动或负载发生变化时,能使输出电压稳定。

9.3.1 稳压二极管稳压电路

稳压二极管稳压电路中的稳压管多采用硅管,硅稳压管工作在反向击穿区,使用时它的正极必须接电源的负极,其负极接电源的正极。如果接反,相当于电源短路,电流过大会使稳压管过热烧坏。

在使用过程中,当一个稳压管的稳压值不够时,可以用多个稳压管串联使用。但是稳压管不能并联使用,这是由于每个稳压管的稳压值有差异,并联后会造成各管的电流分配不均匀,使电流分配大的稳压管过载而损坏。稳压管的伏安特性、参数和选用见1.5节特殊二极管。

如图9-12所示为简单稳压管稳压电路,电阻 R 一方面用来限制电流,使稳压管电流 I_{VD_Z} 不超过允许值,另一方面还利用其两端电压升降使输出电压 U_L 趋于稳定。稳压管 VD_Z 反接并联在直流电源两端,使它工作在反向击穿区。经电容滤波后的直流电压通过电阻器 R 和稳压管 VD_Z 组成的稳压电路接到负载上,这样,负载上得到的就是一个比较稳定的电压。

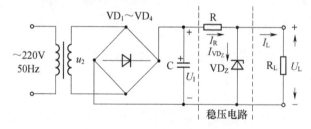

图9-12 简单稳压管稳压电路

输入电压 U_I 经电阻 R 加到稳压管和负载 R_L 上,$U_I=U_R+U_L$,在稳压管上有工作电流 I_{VD_Z} 流过,负载上有电流 I_L 通过,且通过电阻 R 上的电流 $I=I_{VD_Z}+I_L$。

假设负载电阻 R_L 不变,当电网电压 u_1 波动升高时,使稳压电路的输入电压 U_I 上升,引起稳压管 VD_Z 两端电压增加,输出电压 U_L 也增加,根据稳压管反向击穿特性,只要 U_L 有少量增大,就使 I_{VD_Z} 显著增加,通过电阻 R 上的电流 I 增大,电阻 R 上的压降增大($U_R=IR$),使输出电压 U_L 保持近似稳定,其变化关系可用下式

表示为

$$u_1 \uparrow \to U_I \uparrow \to U_L \uparrow \to I_{VD_Z} \uparrow \to IR \uparrow$$
$$U_L \downarrow \leftarrow$$

如果电源电压 u_1 下降,其工作过程与上述相反,U_L 仍近似稳定。

设稳压电路的输入电压 U_I 保持不变,当负载电阻 R_L 减小时,I_L 增大,电阻 R 上的压降增大,输出电压 U_L 下降,稳压管两端电压也下降,电流 I_{VD_Z} 立即减小。如果 I_L 的增加量和 I_{VD_Z} 的减小量相等,则 I 不变,输出电压也不变。

$$R_L \downarrow \to I_L \uparrow \to I \uparrow \to IR \uparrow \to U_L \downarrow \to I_{VD_Z} \downarrow$$
$$U_L \uparrow \leftarrow$$

如果负载电阻 R_L 增大,电流 I_L 下降,其工作过程与上述相反,U_L 仍然保持不变。

稳压管的稳定电压应按负载电压选取,即

$$U_{VD_Z} = U_L \tag{9-10}$$

稳压管的最大稳定电流 I_{ZM} 大致应比最大负载电流 I_L 大两倍以上,即

$$I_{ZM} \geq 2I_{LM} \tag{9-11}$$

稳压管 VD_Z 作为电压调整器件与负载并联,故也称为并联型稳压电路,它是直接利用稳压管工作电流的变化,并通过限流电阻的调压作用达到稳压的目的。这种电路结构简单,调试方便,但是输出电压受稳压管限制不能任意调整,稳定性能差,只能应用在 U_L 要求不高的小电流稳压电路中。

9.3.2 串联型晶体管稳压电路

晶体三极管集电极—发射极之间等效直流电阻 $R_{CE} \approx U_{CE}/I_C \approx U_{CE}/\beta I_B$,改变基极电流即可改变集电极—发射极之间的电阻,如 $I_B \uparrow \to I_C \uparrow \to U_{CE} \downarrow$,即 R_{CE} 变小了。三极管可看作受基极电流控制的可变电阻,利用其电阻的变化可实现稳压。这种用于调整输出电压并使其稳定的三极管称为调整管。

由电压调整器件和负载相串联的电路称为串联型稳压电路。

1. 简单串联型稳压电路

如图 9-13 所示,R 既是稳压管 VD_Z 的限流电阻,又是调整管 VT 的基极偏置电阻,它和稳压管 VD_Z 组成基本稳压电路,向调整管基极提供一个稳定的直流电压 U_Z,叫基准电压。当负载 R_L 开路时,由电阻 R 提供给调整管一个直流通路。

三极管的 U_{CE} 会随基极电流 I_B 改变而改变,只要调整 I_B 就可以控制 U_{CE} 的变化。

$$U_{BE} = U_{VD_Z} - U_L$$
$$U_L = U_I - U_{CE}$$

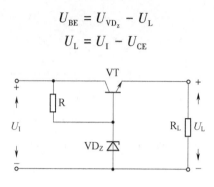

图 9-13　简单串联型稳压电路

（1）若负载电阻 R_L 不变,当电源电压升高时,会引起输入电压 U_I 增大,导致稳压电路输出电压 U_L 增大。由于稳压管 VD_Z 的稳定电压 U_{VD_Z} 不变,U_{BE} 要减小,三极管基极电流减小,集电极电流也减小,使 U_{CE} 增大,最终可使 U_L 下降,保持输出电压基本不变。

$$U_I \uparrow \to U_L \uparrow \to U_{BE} \downarrow \to I_B \downarrow \to I_C \downarrow \to U_{CE} \uparrow$$
$$U_L \downarrow \leftarrow$$

当输入电压 U_I 减小时,稳压过程与上述过程相反。

（2）若输入电压 U_I 不变,当负载电阻 R_L 减小时,会引起负载电流 I_L 增大,稳压电路输出电压减小,因 U_{VD_Z} 不变,U_L 减小时,U_{BE} 增大,使 I_B 增大,U_{CE} 减小,从而使 U_L 基本不变。

$$R_L \downarrow \to I_L \uparrow \to U_L \downarrow \to U_{BE} \uparrow \to I_B \uparrow \to I_C \uparrow \to I_{CE} \downarrow$$
$$U_L \uparrow \leftarrow$$

当负载电阻 R_L 增大时,稳压过程与上述过程相反。

简单的串联型稳压电路比硅稳压管稳压电路输出电流大,输出电压变动小。但是,其输出电压仍取决于稳压管的稳定电压 U_Z,当需要改变输出电压时必须更换稳压管。

2. 带直流负反馈放大电路的稳压电路

如图 9-14 所示,从输出电压中取得微小的变化量,经过放大后再去控制调整管,就可以大大提高稳压精度。

稳压管 VD_Z 和电阻 R_2 给直流放大管 VT_2 的发射极提供稳定的基准电压。R_3、R_4 组成分压取样电路,从输出电压 U_L 中取出变化的信号电压,并把它加到放大管 VT_2 的基极,VT_2 的基极和发射极间电压由于 U_{B2} 是 U_L 的一部分,故称为取样电压,它和基准电压 U_Z 比较后的电压差值即 U_{BE} 经 VT_2 放大后,加到三极管

VT_1 的基极上,使 VD_Z 自动调整管压降 U_{CE1} 的大小,以保证输出电压稳定。R_1 是放大管 VT_2 的集电极负载电阻,又是调整管 VT_1 的基极偏置电阻。

该电路的稳压过程如下:如果输入电压 U_I 增大,或负载电阻 R_L 增大,输出电压 U_L 也增大,通过取样电路将这个变化加在 VT_2 管的基极上使 U_{B2} 大。由于 U_Z 是一个恒定值,所以 U_{BE2} 增大,导致 I_{B2} 和 I_{C2} 增大,R_1 上电压降增大,使调整管基极电压减小,基极电流减小,管压降 U_{CE1} 增大,从而使输出电压保持不变。

$U_I \uparrow \to U_L \uparrow \to U_{B2} \uparrow \to U_{BE2} \uparrow \to I_{B2} \uparrow \to I_{C2} \uparrow$
$U_L \downarrow \leftarrow U_{CE1} \uparrow \leftarrow U_{BE1} \downarrow \leftarrow U_{B1} \downarrow$

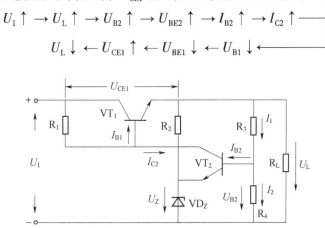

图 9-14　带直流负反馈放大电路的稳压电路

同理,当输入电压 U_I 减小或负载电阻 R_L 减小,引起输出电压 U_L 减小时,三极管 VT_2 的基极电压减小,其变化过程与上述相反,从而使调整管管压降减小,维持输出电压不变。

$$U_L = \frac{R_3 + R_4}{R_4}(U_{BE2} + U_Z) \quad (9-12)$$

带有直流负反馈放大电路的串联型稳压电路的反馈电压是从输出电压 U_L 中取出,并与基准电压 U_Z 相比较,然后把差值电压进行放大后去控制调整管,调节其管压降 U_{CE2} 使输出电压保持稳定。

3. 串联型稳压电路的主要环节

串联型稳压电路主要由电源变压器、整流滤波电路、基准电压、取样电路、比较放大电路、调整器件等组成。如图 9-15 所示,图中整流滤波部分没有标示出来。

(1) 整流滤波电路。为稳压电路提供一个比较平滑的直流输入电压 U_I。U_I 比稳压输出电压 U_L 高得越多,调整管可以调整的稳压范围就越大。如果 U_I 高得太多,调整管的管压降 U_{CE} 太大,就会导致功率损耗过大,管子发热;U_I 又不能太小,否则容易进入饱和区,失去调整能力。一般 U_I 取值为 3~8V,考虑交流电网发生波动一般为±10%,输入电压 U_I 也会发生相应波动,调整管最不利的工作条件是输入电压为最小值,即 $U_{Imin} = 0.9U_I$,和输出电压 U_L 为最大值,即 $U_{LM} = 1.1U_L$。输入电压 U_I 可按下式确定: $U_{Imin} = U_{LM} + U_{CE}$,最大整流输出电流应大于稳压输出电流值。

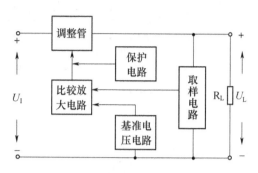

图 9-15　串联型稳压电路的主要环节

(2) 基准电压。基准电压由稳压管和串限流电阻构成。限流电阻应保证在 U_I 最大变化范围内,稳压管工作电流始终在最大稳定电流和最小稳定电流之间,基准电压应有较高的稳定性。精度较高的稳压电路常采用热稳定性高的 2DW230 等稳压管,或用温度系数相反的锗二极管与普通稳压管串联来补偿温度引起的精度变化。基准电压的稳压值还可利用正向电压不同的硅、锗二极管与稳压管串联来调整。

(3) 取样电路。取样电路是将输出电压变动量的一部分取出,加到比较放大器和基准电压进行比较、放大。通常通过取样电路的电流应远大于放大管基极电流,使取样电压不受放大管基极电流影响。

(4) 比较放大电路。比较放大电路是将取样电路送来的电压和基准电压进行比较放大,再去控制调整管以稳定输出电压。它应有较高的放大倍数来提高稳压精度,同时还要求它对零点漂移能进行较好的抑制。在稳定度要求较高的电路中,常采用集成运放作比较放大电路。

(5) 调整器件。调整器件是稳压电路的核心环节,采用工作在放大状态的功率三极管。其基极电流受比较放大电路输出信号的控制。稳压电路输出的最大电流也主要取决于调整器件。

调整管的选择原则是工作可靠,要求在各种极限工作条件下调整管都不会损坏。其集电极与发射极之间的击穿电压应满足下面要求,即

$$U_{(BR)CEO} > U_{Imax} - U_{Lmin} \tag{9-13}$$

U_{Imax} 为电网电压上升 10% 时的整流电路输入电压的最大值,$U_{Imax} = 1.1U_I$,U_{Lmin} 为稳压电路输出电压的最小值。

集电极最大允许电流应满足

$$I_{CM} \geq 1.5 I_{LM} \tag{9-14}$$

调整管在配有额定面积散热片时,其允许的最大耗散功率 P_{CM} 应满足

$$P_{CM} \geq 1.5 I_{LM} U_{(BR)CEO} \tag{9-15}$$

当一只三极管的电流不能满足要求时,可以将特性一致的三极管并联起来使用,为使各管电流基本均衡,应接入均流电阻 R,为避免增加功耗,其阻值不宜过大。调整管大多采用大功率三极管,而大功率三极管的 β 往往较小,可以用复合管来担任调整管。另外,稳压电路还考虑了保护环节。

9.4　开关稳压电源

前面介绍过的晶体管稳压电路具有稳定度高、结构简单和工作可靠等特点,但晶体管工作在线性区,功耗大、效率低(电路的转换效率只有 40%~60%)。为了解决这一问题,现在广泛应用一种新型的稳压电路——开关稳压电源。

9.4.1　开关稳压电源电路的特点和应用

开关稳压电源的调整管(晶体管)顾名思义工作在开关状态,管子的功耗小,电源的转换效率高(一般可达 70%~90%),开关电源的体积小、重量轻、稳压范围宽(电网电压可在 150~255V 间波动)。

开关稳压电源也有不足之处,主要表现在管子的通断对其他电子设备有一定的干扰,控制电路复杂,价格较高。并且由于开关电源输出功率一般较大,尽管管子功耗小,但绝对功耗仍较大,故使用中一般应加散热器。

近年来出现了开关稳压电源专用控制器和单片集成开关稳压器,使得开关稳压电源的性能、价格和维护等指标大幅提高。开关稳压电源已在通信、计算机和精密电子仪器等领域广泛应用。

开关稳压电源种类繁多,按脉冲源产生可分为他激式和自激式;按调整管和负载的连接方式可分为串联型开关稳压电源和并联型开关稳压电源。

9.4.2　开关稳压电源的电路结构

开关稳压电源由脉冲调宽和脉冲发生电路、取样比较电路、基准电压、开关调整管及储能电路等组成。

1. 脉冲发生和脉冲调宽

脉冲指的是具有突然变化的过程,有短促和脉动的含义,通常把在极短时间内不为零的电压或电流称为脉冲。脉冲电压由脉冲发生电路产生,其脉冲的宽度

由脉冲调宽电路进行宽度调制,它控制着调整管的工作状态;脉冲调宽的原理是当输出电压发生变化时,脉冲宽度相应发生变化,从而使调整管开启时间发生变化,电源输入到储能电路的能量也发生变化,最终使输出电压保持稳定。

2. 取样比较和基准电压

取样比较电路将一部分输出电压和基准电压进行比较,当输出的电压偏离正常值时,则输出偏差信号,由偏差信号对脉冲宽度进行调整。

3. 开关调整管

工作在开关状态的功率三极管,通过调整管的开关作用,将输入端的能量注入储能电路。调整管开启时间的长短,决定了注入储能电路的能量大小,也决定了输出电压的大小。

4. 储能电路

储能电路由储能电感 L、储能电容 C 和续流二极管 VD 组成,它接受调整管传送来的电能,并向负载供电,同时,储能电路对负载而言还起到双重的滤波作用,使输出电压波形平滑。

1)脉冲调制式串联型开关稳压电路

如图 9-16 所示,当输入交流电压改变或负载电流变化时,都会引起 U_O 的变化,由于电路引入了负反馈,电路能自动调整使 U_O 基本稳定,其稳压过程如下:

若 $U_O\uparrow \to U_F\uparrow (U_F>U_{REF}) \to u_{o1}$ 为负值 $\to u_{o2}$ 输出高电平变窄($t_o\downarrow$) $\to U_O\downarrow$,使输出电压基本不变。

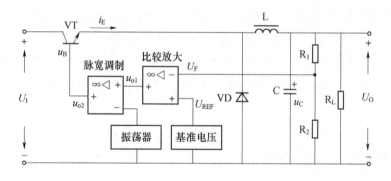

图 9-16 脉冲调制式串联型开关稳压电路

反之亦然,$U_O\downarrow \to U_F\downarrow (U_{REF}>U_F) \to u_{o1}$ 为正值 $\to u_{o2}$ 输出高电平变宽($t_o\uparrow$) $\to U_O\uparrow$,同样使输出电压基本不变。

2)脉冲调制式并联型开关稳压电路

图 9-17 所示电路调整管和负载的连接方式从串联变为并联方式。

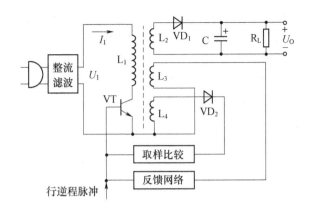

图 9-17 脉冲调制式并联型开关稳压电路

9.5 集成稳压器

集成稳压器是将调整管、取样放大、基准电压、启动和保护电路等全部集成在一块半导体芯片上形成的一种稳压集成块,集成稳压器功能全、性能好、体积小、重量轻、应用灵活、工作可靠,而且安装调试简单。按原理可分为串联调整式、并联调整式、开关调整式等三种。按引出端一般可分为三端集成稳压器和多端集成稳压器,其中以三端式集成稳压器(只有三个管脚)应用最广,本节主要介绍三端式集成稳压器。

9.5.1 三端集成稳压器型号和参数

1. 三端固定式集成稳压器

三端是指电压输入、电压输出和公共接地三端,输出电压有正、负之分。常用的 CW78×× 系列是输出固定正电压的集成稳压器,CW79×× 系列是输出固定负电压的集成稳压器,如图 9-18 所示为三端固定式集成稳压器型号组成及其意义。输出电压有 ±5V、±6V、±9V、±12V、±15V、±18V 和 ±24V 等七种。集成稳压器字母与最大输出电流对应表如表 9-1 所列。

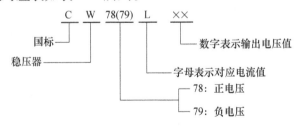

图 9-18 三端固定式集成稳压器型号组成及其意义

表 9-1　集成稳压器字母与最大输出电流对应表

字　母	L	N	M	无字母	T	H	P
最大输出电流/A	0.1	0.3	0.5	1.5	3	5	10

三端固定式集成稳压器管脚分布为

78 系列:1 为输入端,2 为输出端,3 为公共端。

79 系列:1 为公共端,2 为输出端,3 为输入端。

2. 三端可调式集成稳压器

三端可调式集成稳压器也有正、负之分,产品序号(三位数字中后两位数字) 17 表示输出为正电压,37 表示输出为负电压,如 CW117/CW217/CW317 为可调输出正电压集成稳压器,CW137/CW237/CW337 为可调输出负电压集成稳压器。如图 9-19 所示为三端可调式集成稳压器型号组成及其意义。

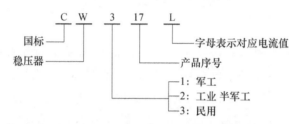

图 9-19　三端可调式集成稳压器型号组成及其意义

可调输出正、负稳压器管脚也有较大差异为

CW117/CW217/CW317:1 为调整端,2 为输入端,3 为输出端。

CW137/CW237/CW337:1 为调整端,2 为输出端,3 为输入端。

3. 集成稳压器主要参数

(1) 最大输入电压 U_{Imax}。最大输入电压指稳压器输入端允许输入的最大电压,整流后的最大直流电压不能超过此值。

(2) 最小输入输出压差 $(U_I-U_L)_{min}$。U_I 表示输入电压,U_L 表示输出电压,最小输入输出压差能保证稳压器正常工作所要求的输入电压与输出电压的最小差值。由此参数与输出电压之和决定稳压器所需最低输入电压。输入电压过低,使输入输出压差小于 $(U_I-U_L)_{min}$,稳压器输出纹波变大,性能变差。

(3) 输出电压范围。输出电压范围指稳压器参数符合指标要求时的输出电压范围。对三端固定式集成稳压器,其电压偏差范围一般为±5%;对三端可调式集成稳压器,应适当选择外接取样电阻分压网络,以建立所需的输出电压。

(4) 最大输出电流 I_{LM}。最大输出电流指稳压器能够输出的最大电流值,使用中不允许超出此值。

9.5.2 三端集成稳压器的应用

1. 三端固定集成稳压器的应用

图 9-20 所示为三端固定集成稳压器的基本应用电路,图 9-20(a)所示为 CW78×× 系列组成的输出固定正电压的稳压电路。输入电压接 1、3 端,由 2、3 端输出稳定的直流电压。电容 C_1 用来滤波以减少输入电压 U_I 中的交流分量,还有抑制输入过电压的作用;C_2 用来改善负载的暂态响应。图 9-20(b)所示为 CW79×× 系列输出固定负电压,用于只需要负电压输入和负电压输出的场合。

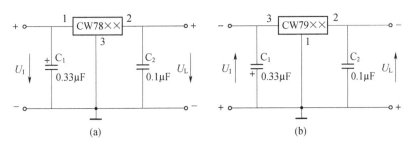

图 9-20 三端固定集成稳压器的应用
(a) 输出正电压;(b) 输出负电压。

图 9-21 所示为提高输出电压的稳压电路,需外接一些元件来适当提高输出电压。

$$U_L = \left(1 + \frac{R_2}{R_1}\right) U_{××}$$

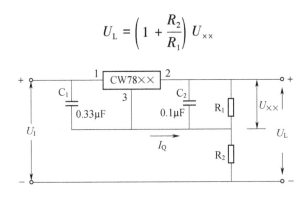

图 9-21 提高输出电压电路图

$U_{××}$ 为集成稳压器的输出电压,只要选择合适的 R_2/R_1,即可将输出电压提高到所需数值。缺点是随输入电压变化,I_Q 也发生变化,当 R_2 较大时,会影响稳压精度。

图 9-22 所示为扩大输出电流的稳压电路,用 PNP 型大功率管对稳压器分流。

$$I_O = I_X + I_C \tag{9-16}$$

$$I_X = \frac{U_{BE}}{R} + \frac{I_C}{\beta}, I_C = \left(I_X - \frac{U_{BE}}{R}\right)\beta \tag{9-17}$$

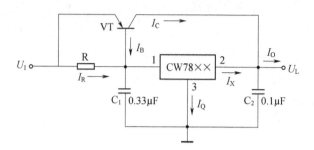

图 9-22　扩大输出电流电路图

图 9-23 所示为正、负电压输出的稳压电路，它由 CW78×× 和 CW79×× 系列集成稳压器以及共用的整流滤波电路组成，具有共同的公共端，可以同时输出正、负两种电压。

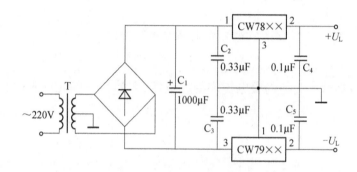

图 9-23　具有正、负电压输出的稳压电路

2. 三端可调式集成稳压器的应用

图 9-24 所示为用 CW317 和 CW337 组成的可调输出电压的典型稳压电路。输出电压为

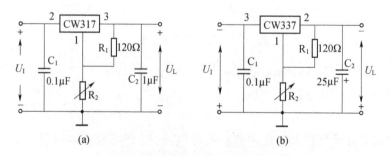

图 9-24　可调输出电压的稳压电路
(a) CW317 电路；(b) CW337 电路。

$$U_L \approx 1.25\left(1 + \frac{R_2}{R_1}\right) \qquad (9-18)$$

式中：U_L 为输出电压(V)。当调节 R_2 时，输出电压 U_L 相应发生改变。

本 章 小 结

(1) 单相半波整流电路结构简单，但电源利用效率低，桥式整流电路效率大大提高，实际应用中四个管子常常集成为桥堆。

(2) 稳压二极管工作在反向击穿区，稳压电路可以改善由于电源电压波动和负载变化引起的输出电压不稳定的缺点。

(3) 整流后的直流电是含有许多交流成分的脉动直流电，为了使电流更加平滑，必须引入滤波电路，滤波电路通常由电容和电感等组成。

(4) 晶体管稳压电路的晶体管工作在线性区，本身功耗大，造成整个电源效率低，而开关稳压电源的晶体管工作在开关状态，所以开关电源效率高、噪声低。

(5) 三端集成稳压器体积小、使用方便、可靠性高、应用广泛，分为固定式和输出电压可调式两种。

思考与练习题

一、判断题

1. 直流电源是一种将正弦信号转换为直流信号的波形变换电路。（　）
2. 直流电源是一种能量转换电路，它将交流能量转换为直流能量。（　）
3. 若 U_2 为电源变压器副边电压的有效值，则半波整流电容滤波电路和桥式整流电容滤波电路在空载时的输出电压均为 $\sqrt{2}U_2$。（　）
4. 当输入电压 U_I 和负载电流 I_L 变化时，稳压电路的输出电压是绝对不变的。（　）
5. 一般情况下，开关型稳压电路比线性稳压电路效率高。（　）

二、选择题

1. 整流的目的是_____。
    A. 将交流变为直流
    B. 将高频变为低频
    C. 将正弦波变为方波
2. 直流稳压电源中滤波电路的目的是_____。
    A. 将交流变为直流

B. 将高频变为低频

C. 将交、直流混合量中的交流成分滤掉

3. 开关电源中的调整管工作在_____或_____。

A. 放大状态　　　B. 截止状态　　　C. 饱和状态

三、分析说明题

1. 要将工频交流电通过桥式整流变为+15V、15A 直流输出，试问要选用什么样的管子？

2. 开关电源性能比线性电源优越，试分析其原因。

3. 在滤波电路中，有时能用电阻代替电感工作，为什么？

4. 工作中需使用+12V、2.5A 的直流稳压电源，应选用什么型号的三固定式集成稳压器？

5. 分析图 9-25 所示电路的工作原理。

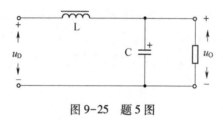

图 9-25　题 5 图

第二篇

模拟电子技术应用项目

项目1　示波器的应用

一、实训目的

(1) 了解示波器的组成及工作原理。
(2) 熟悉示波器面板结构及各旋钮的作用。
(3) 初步掌握示波器的基本使用方法,能用示波器观察和测量正弦波信号。

二、实训设备及元器件

双踪示波器1台、低频信号发生器1台、交流毫伏表1块。

三、实训原理

示波器是一种可以定量观测电信号波形的电子仪器,应用非常广泛。由于它能够在屏幕上直接显示电信号的波形,因此人们形象地称之为"示波器"。示波器可用来显示波形或图形,测量信号电压、频率、周期、相位差等。如果将普通示波器的结构和功能稍加扩展,便可以方便地组成晶体图示仪、扫频仪和各种雷达设备等。若借助于相应的转换器,它还可以用来观测各种非电量,如温度、压力、流量、生物信号(能够转换成电信号的各种模拟量)等。

示波器一般由示波管、垂直(Y轴)放大系统、水平(X轴)放大系统、扫描发生器、触发同步电路和直流电源等六大基本组成部分,其基本结构方框图如图X1-1所示。

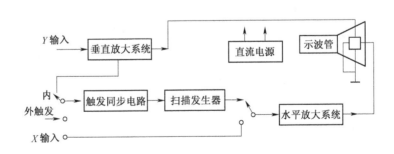

图X1-1　示波器基本结构方框图

四、实训内容及步骤

1. 用示波器观察信号波形

1) 观察不同频率的信号波形

将低频信号发生器正弦波信号输出电压峰峰值调至 2V 左右，接至示波器的"Y 轴输入"。调节示波器，分别观察频率为 1kHz、15kHz、200kHz 的正弦波信号。要求荧光屏上显示出高度为 6div，并有三个完整周期的稳定正弦波。

2) 观察扫描信号频率大于被测信号频率时的信号波形

将低频信号发生器正弦波信号输出电压峰峰值调至 2V 左右，频率为 4kHz，调节示波器，使荧光屏上显示一个完整周期的正弦波。固定示波器的"t/div"和"扫描微调"位置，将低频信号发生器输出信号频率分别改为 2kHz 和 1kHz，观察并分析这三种频率时的信号波形。

2. 用示波器和交流毫伏表测量正弦波信号电压

用示波器和交流毫伏表同时测量低频信号发生器正弦波信号的输出电压。信号发生器的输出电压，可用交流毫伏表准确测出。调节信号发生器使正弦波信号的频率为 1kHz，然后改变"输出调节"并变换"输出衰减"挡，使输出信号电压分别为 3V、2V、1V、0.5V，再用示波器测量这些电压，将测量数据填入表 X1-1 中，并加以比较。

表 X1-1　正弦波信号电压的测量数据

信号发生器的输出电压	3V	2V	1V	0.5V
交流毫伏表读数				
示波器测量电压峰峰值				
示波器测量电压有效值				

3. 用示波器测量正弦波信号的周期与频率

将信号发生器正弦波信号输出电压峰峰值调至 1V 不变，用示波器分别测量信号发生器的频率指示为 1kHz、50kHz、100kHz 时的信号周期 T，并换算出相应的频率值 f，将测量数据记入表 X1-2 中。为了保证测量精度，应使屏幕上一个周期的显示波形占有足够的格数；或测量 2~4 个周期的时间，再取其平均值。

表 X1-2　正弦波信号周期与频率的测量数据

信号发生器的频率指示	1kHz	50kHz	100kHz
"扫描时间"标称值(t/div)			
一个周期占有水平方向的格数			
信号周期 T			
信号频率 f			

五、实训注意事项

（1）荧光屏上光点（扫描线）不可调得过亮，且不可将光点（或亮线）固定在荧光屏上某一点时间过久，以免损坏荧光屏。

（2）示波器和函数信号发生器上所有开关及旋钮都有一定的调节限度，调节时不能用力太猛。

（3）双踪示波器的两路输入端 Y_1、Y_2 有一公共接地端，同时使用 Y_1 和 Y_2 时，接线时应防止将外电路短路。

六、实训报告要求

（1）根据实训内容与步骤完成全部实训任务。

（2）根据实训现象与实训结果，认真总结分析，写出实训报告。

七、实训思考题

（1）用示波器观察波形时，要达到如下要求，主要应调节哪些旋钮？
① 波形清晰；② 亮度适中；③ 波形位置移动；④ 波形稳定；⑤ 改变波形个数；⑥ 改变波形高度。

（2）用一台完好的示波器观察信号波形时，若产生下列现象，请解释其可能的原因。

① 荧光屏上看不到亮点；

② 荧光屏上只显示一条垂直线；

③ 荧光屏上出现与屏幕上、下边界相接的不太亮的垂线，如图 X1－2（a）所示；

④ 荧光屏上出现与屏幕左、右边界相接的不太亮的曲线，如图 X1－2（b）所示。

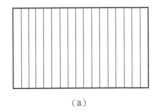 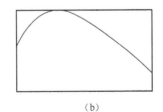

(a)   (b)

图 X1－2　荧光屏显示的不正常波形

（3）为什么不能使示波管上长时间显示固定亮点？

项目 2　晶体二极管和晶体三极管的识别与检测

一、实训目的

(1) 掌握晶体二极管和晶体三极管的识别与检测技术。
(2) 掌握数字万用表和指针式万用表的使用方法。

二、实训设备及元器件

数字万用表 1 块、指针式万用表 1 块、晶体二极管和晶体三极管若干。

三、实训原理

1. 晶体二极管

晶体二极管(图 X2-1)具有正向导通、反向截止的单向导电性。当晶体二极管正偏时，呈现较小的电阻，正向电流较大；当晶体二极管反偏时，呈现很大的电阻，反向电流很小，几乎没有电流通过，可认为是截止的(图 X2-2)。它就像一道阀门，其性能被广泛应用。

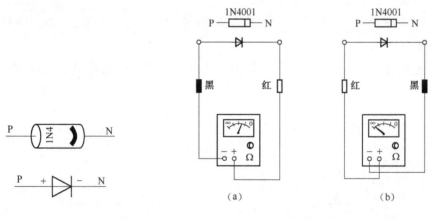

图 X2-1　二极管外形图　　图 X2-2　二极管极性测试示意图
(a) 正向电阻；(b) 反向电阻。

2. 晶体三极管

晶体三极管由三层不同的杂质半导体构成，这三层杂质半导体使晶体三极管的内部形成了两个 PN 结。根据半导体材料的不同，晶体三极管可以分为硅管和锗管;根据晶体三极管内部三层杂质半导体类型的不同,晶体三极管又可以分为 NPN 型和 PNP 型。晶体三极管内部的三层杂质半导体分别称为发射区、基区和集电区,从这三个区中引出的电极分别称为发射极、基极和集电极,通常用字母 E(发射极)、B(基极)和 C(集电极)来表示。三极管中的三层半导体形成的两个 PN 结中,由集电区和基区形成的 PN 结称为集电结,由发射区和基区形成的 PN 结称为发射结,集电结与发射结均具有单向导电性。晶体三极管具有放大作用,此时,发射结处于正向偏置状态,集电结应处于反向偏置状态。

四、实训内容及步骤

1. 二极管的简易测量

1)用指针式万用表测试二极管

(1)二极管的好坏及电极的判别。选用万用表的 R×1k 或 R×100 挡,将万用表红、黑两表笔分别接触二极管的两个电极,测出其正向、反向电阻值,如图 X2-2 所示。一般正常二极管正向电阻为几十欧到几千欧,反向电阻为几百千欧以上。正向、反向电阻差值越大越好,至少应相差百倍。若正向、反向电阻都为零,则管子内部已经短路;若正、反向电阻都为无穷大,则管子内部已经开路;若正向、反向电阻接近,说明该管子性能差。用上述方法测量,若二极管正常,则测量阻值较小的那次,黑表笔所接触的电极为二极管的正极,另一端为负极。这是因为在磁电式万用表的欧姆挡,黑表笔接表内电池的正端,红表笔接表内电池的负端。

(2)二极管类型的判别。经实训证明,用 500 型万用表的 R×1k 或 R×100 挡测二极管的正向电阻时,硅管为 6~20kΩ,锗管为 1~5kΩ。用 2.5V 直流电压挡测量二极管的正向导通电压时,一般锗管的正向电压为 0.1~0.3V,硅管的正向电压为 0.5~0.7V。

注意:用不同类型万用表或同一类型万用表的不同量程去测量二极管的正向电阻时,所得结果是不同的,挡位较大时,所测电阻就较大。

2)用数字式万用表测试二极管

(1)极性判别。将数字式万用表置于二极管挡,红表笔插入"V·Ω"插孔,黑表笔插入"COM"插孔,这时红表笔接表内电源正极,黑表笔接表内电源负极。将两只表笔分别接触二极管的两个电极,如果显示溢出符号"1",说明二极管处于截止状态;如果显示在 1V 以下,说明二极管处于正向导通状态,此时与红表笔相接的是管子的正极,与黑表笔相接的是负极。

(2)好坏的测量。将数字式万用表置于二极管挡,红表笔插入"V·Ω"插孔,黑表笔插入"COM"插孔。当红表笔接二极管的正极,黑表笔接二极管的负极时,显示值在 1V 以下;当黑表笔接二极管的正极,红表笔接二极管的负极时,显示溢出符号"1",说明被测二极管正常。若两次测量均显示溢出,则表示二极管内部断路。若两次测量均显示"000",则表示二极管已被击穿短路。

(3) 硅管与锗管的测量。将数字式万用表置于二极管挡,红表笔插入"V·Ω"插孔,黑表笔插入"COM"插孔,红表笔接被测二极管的正极,黑表笔接负极,若显示电压在 0.5~0.7V,说明被测管是硅管;若显示电压在 0.1~0.3V,说明被测管是锗管。用数字式万用表判断二极管类型时,不宜用电阻挡进行测量,因为数字式万用表电阻挡所提供的测量电流太大,而二极管是非线性元件,其正向、反向电阻与测试电流的大小有关,所以用数字式万用表测出来的电阻值与正常值相差极大。

2. 晶体三极管的简易测试

利用指针式万用表来简易测试晶体三极管。

1) 判断基极和管子类型(PNP 型或 NPN 型)

由于三极管的基极对集电极和发射极的正向电阻都较小,据此,可先找出基极。将万用表置于 R×100 或 R×1k 挡上,如用黑表笔接触某一电极时,将红表笔分别与另外两个电极接触,如果两次测得的电阻值均为几百欧姆的低电阻,则表明该管为 NPN 型管,且这时黑表笔所接触的电极为基极 B。同理,当红表笔接触某一电极时,将黑表笔分别与另外两个电极接触,如果两次测得的电阻值均为几十至上百千欧以上的高电阻时,则表明该管仍为 NPN 型管,且这时红表笔所接触的电极为基极 B,如图 X2-3(a)所示。

反之,当红表笔接触某一电极时,将黑表笔分别与另外两个电极接触,如果两次测得的电阻值均为几百欧姆的低电阻时,则表明该管为 PNP 型管,且这时红表笔所接触的电极为基极 B,如图 X2-3(b)所示。

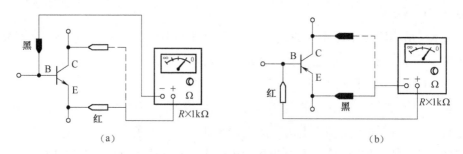

图 X2-3 判断三极管类型和基极
(a) NPN 型;(b) PNP 型。

2) 判断集电极和发射极

从图 X2-4(a)上看,似乎发射极 E 和集电极 C 并无区别,可以互换使用,其实二者的性能差别非常悬殊,这是因为两边的掺杂浓度不一样。正确使用了发射极 E 和集电极 C 时,三极管的放大能力强;反之,则非常弱。根据这一点,就可以把管子的 E 极、C 极区别开来。

在判别出管型和基极 B 的基础上,任意假定一个电极为 E 极,另一个为 C 极,对于 PNP 型管,将红表笔接假定的 C 极,黑表笔接 E 极,再用手同时捏住管子的 B、C 极,注意不要将两极直接相碰,同时注意万用表指针向右摆动的幅度,然后使假设的 E、C 极对调,再次进行测量,若第一次观测时的摆动幅度大,则说明对 E 极、C 极的假设是对的,若第二次观测时的摆动幅度大,则说明第二次的假设是对的,如图 X2-4(c)所示。

对于 NPN 型管,也可以采用同样的方法来处理,如图 X2-4(d)所示。

上述判别电极方法的原理是:利用万用表欧姆挡内部的电池,给三极管的 C 极、E 极加上电压,使之具有放大能力,用手同时捏住 B 极、C 极时,相当于用人体电阻代替基极偏置电阻 R_b,就等于从三极管的基极 B 输入一个微小的电流,此时万用表指针向右摆动的幅度就间接反映出其放大能力的大小,从而可正确地判别出 E 极、C 极来。

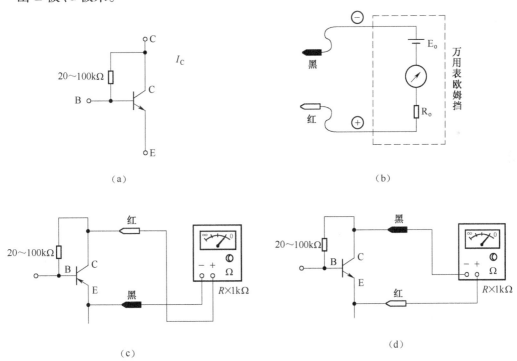

图 X2-4 判断三极管集电极 C 和发射极 E

(a) 接线示意图;(b) 万用表欧姆挡内部等效电路;(c) PNP 型三极管;(d) NPN 型三极管。

五、实训注意事项

(1) 用万用表测量有极性晶体管的等效电阻时,要注意两支表笔的极性。

（2）用万用表判别二极管和三极管时,要注意万用表挡位的选择。

六、实训报告要求

（1）根据实训内容与步骤完成全部实训任务。

（2）根据实训现象与实训结果,认真总结分析,写出实训报告。

七、实训思考题

（1）用万用表 R×100 和 R×1k 挡分别测量二极管的正向电阻,结果阻值不同,用 R×100 挡测得结果小,用 R×1k 挡测得的结果大,这是为什么？

（2）如何使用数字万用表测量三极管的电流放大系数 β 大小？

项目 3　晶体三极管共射极单管放大电路的测试

一、实训目的

(1) 进一步熟悉示波器和万用表的使用方法。
(2) 掌握放大电路静态工作点的测试方法及其对放大器性能的影响。
(3) 掌握放大电路电压放大倍数、输入电阻和输出电阻的测试方法。

二、实训设备及元器件

双踪示波器 1 台、低频信号发生器 1 台、直流稳压电源 1 台、实训台 1 台（或面包板 3 块）、万用表 1 块、毫伏表 1 块、连接导线若干、元器件明细见表 X3-1。

表 X3-1　元器件明细表

序号	名称	型号或参数	数量
1	三极管	9014	1
2	电阻	1kΩ	2
3	电阻	20kΩ	1
4	电阻	2.4kΩ	1
5	电阻	10kΩ	1
6	电阻	5.1kΩ	1
7	电位器	100kΩ	1
8	电解电容器	10μF	2
9	电解电容器	47μF	1
10	开关	小型开关	1

三、实训原理

设计放大电路欲达到预期的指标，往往要经过计算、测量、调试等多次反复才能完成。因此，掌握放大电路的测量技术是很重要的。

放大电路的一个基本任务是将输入信号进行不失真的放大。这就要求晶体管放大器必须设置合适的静态工作点，否则就要出现截止失真或饱和失真。通常温度对放大电路静态工作点会有影响，反映在电路中主要是输出电流 I_c 的变化，随着温度的升高或降低时,I_c 会增大或减小,相应地 Q 点上升或下降,从而出现饱和失真或截止失真。分压式偏置共射放大电路能通过稳定 I_c 的值,来稳定静态工作点的,如图 X3-1 所示为分压式偏置共射放大电路。

放大电路性能的好坏常用动态参数来衡量,主要有电压放大倍数 A_u、输入电阻 r_i 和输出电阻 r_o。电压放大倍数 A_u 反映了放大电路对微弱信号的放大能力。输入电阻 r_i 的大小反映了放大电路从信号源分得电压和电流的能力。输入电阻大,放大电路就可以得到较大的电压输入,适合电压放大。输入电阻小,放大电路就可以得到的较大的电流输入,适合电流放大。输出电阻 r_o 反映了放大电路带负载的能力,r_o 越小,输出电压 u_o 即负载获得的电压就越大,同时 r_o 越小,负载 R_L 的变化对输出电压 u_o 的影响也越小,即放大电路带负载的能力就越强。

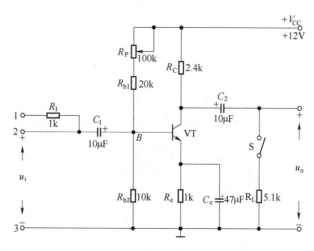

图 X3-1　分压式偏置共射放大电路

四、实训内容及步骤

1. 装接电路

(1) 用万用表判别所用三极管、电容和电阻的好坏以及三极管和电容的极性。

(2) 按图 X3-1 所示连接电路(注意:接线前先测量+12V 电源,切断电源后再接线),将 R_P 调到电阻最大位置。

(3) 接线后仔细检查,确认无误后接通电源。

2. 测量静态工作点

调节信号发生器使正弦波频率为 1kHz,输出电压峰峰值为 10~30mV,将该信号接到图 X3-1 所示放大电路输入端 2、3 之间,用双踪示波器观察输出信号 u_o 的波形,调节 R_P 使输出信号不失真,然后将输入信号去掉,并保持 R_P 不变,用万用表测量 U_{BQ}、U_{CE}、R_P 和三极管电流放大系数 β 的值,将测量数据记入表 X3-2 中。

表 X3－2　静态工作点的测量数据

测　量　值				计　算　值	
U_{BQ}/V	U_{CE}/V	$R_P/kΩ$	$β$	$I_B/μA$	I_C/mA

3. 测量动态参数

1）测试中频电压放大倍数 A_u

(1) 将上述输入信号接到图 X3－1 所示放大电路输入端 2、3 之间,用双踪示波器观察 u_i、u_o 的波形,并比较它们的相位。

(2) 保持输入信号频率不变,在负载断开的情况下 ($R_L = ∞$),逐渐加大幅度,观察 U_{op-p} 不失真时的最大值并将 U_{op-p} 填入表 X3－3 中。

(3) 保持输入信号不变,将开关 S 闭合,放大电路接入负载 R_L,测量 U_{op-p},并将测量结果填入表 X3－3 中。

表 X3－3　中频电压放大倍数的测量数据

测　量　值			计　算　值
R_L	U_{ip-p}/mV	U_{op-p}/V	A_u
∞			
5.1kΩ			

(4) 保持输入信号不变,增大和减小 R_P,观察 V_o 波形变化。

2）测量输入电阻 r_i

(1) 调节信号发生器使正弦波频率为 1kHz,输出电压峰峰值为 10~30mV,将该信号接到图 X3－1 所示放大电路输入端 2、3 之间,在负载断开的情况下 ($R_L = ∞$),调节 R_P 使输出信号不失真,测量输出电压峰峰值为 U_{o1p-p}。将测量结果填入表 X3－4 中。

(2) 保持上述输入信号不变,将该信号接到图 X3－1 所示放大电路输入端 1、3 之间,在负载断开的情况下 ($R_L = ∞$),测量输出电压峰峰值为 U_{o2p-p}。将测量结果填入表 X3－4 中。r_i 可用下列公式计算得:

$$r_i = R_1 U_{o2p-p}/(U_{o1p-p} - U_{o2p-p})$$

表 X3－4　输入电阻的测量数据

测　量　值		计　算　值
U_{o1p-p}/V	U_{o2p-p}/V	$r_i/kΩ$

3）测量输出电阻 r_o

调节信号发生器使正弦波频率为 1kHz,输出电压峰峰值为 10~30mV,将该信号接到图 X3-1 所示放大电路输入端 2、3 之间,在负载断开的情况下($R_L = \infty$),调节 R_P 使输出信号不失真,测量输出电压峰峰值为 U_{o1p-p}。然后将开关闭合,接上负载 R_L,保持输入信号不变,测量输出电压峰峰值为 U_{o2p-p},将测量结果分别填入表 X3-5 中。r_o 可用下列公式计算得:

$$r_o = (U_{o1p-p} - U_{o2p-p}) R_L / U_{o2p-p}$$

表 X3-5 输出电阻的测量数据

测 量 值		计 算 值
U_{o1p-p}/V	U_{o2p-p}/V	r_o/kΩ

五、实训注意事项

调试电路时,注意静态工作点的调节,保持输出波形不失真。

六、实训报告要求

(1)根据实训内容与步骤完成全部实训任务。
(2)根据实训现象与实训结果,认真总结分析,写出实训报告。

七、实训思考题

(1)单级放大电路出现非线性失真的原因是什么?如何消除失真?
(2)R_L 对放大器电压放大倍数有何影响?
(3)测量放大器的输入电阻 r_i 和输出电阻 r_o 时应注意什么问题?

项目 4　负反馈放大电路的测试

一、实训目的

（1）加深理解放大电路中引入负反馈的方法和负反馈对放大器相关性能指标的影响。

（2）具备负反馈放大器的组装（设计、布线、制板、安装、焊接、调试）能力。

二、实训设备及元器件

双踪示波器 1 台、低频信号发生器 1 台、万用表 1 块、毫伏表 1 台、直流稳压电源 1 台、电烙铁 1 把、镊子 1 把、尖嘴钳 1 把、连接导线若干、焊锡丝若干、元器件明细见表 X4-1。

表 X4-1　元器件明细表

序号	名称	型号与规格	数量
1	万能板	10cm×10cm	1
2	三极管	3DG6(9011)	2
3	电位器	100kΩ	1
4	电位器	47kΩ	1
5	电解电容器	10μF	4
6	电解电容器	47μF	2
7	电阻	20kΩ	2
8	电阻	2.4kΩ	3
9	电阻	5.1kΩ	2
10	电阻	10kΩ	1
11	电阻	1kΩ	2
12	电阻	8.2kΩ	1
13	电阻	100Ω	1

三、实训原理

负反馈在电子电路中有着非常广泛的应用，虽然它使放大器的放大倍数降低,但能在多方面改善放大器的动态指标,如稳定放大倍数,改变输入、输出电阻,减小非线性失真和展宽通频带等。因此,几乎所有的实用放大器都带有负反馈。

负反馈放大器有四种组态,即电压串联负反馈、电压并联负反馈、电流串联负反馈、电流并联负反馈。本次实训以电压串联负反馈为例,分析负反馈对放大器相关性能指标的影响。

图 X4-1 所示为带有负反馈的两级阻容耦合放大电路,在电路中通过 R_f、C_f 把输出电压 u_o 引回到输入端,加在晶体管 VT_1 的发射极上,在发射极电阻 R_{E11} 上形成反馈电压 u_f。根据反馈的判断法可知,它属于电压串联负反馈。

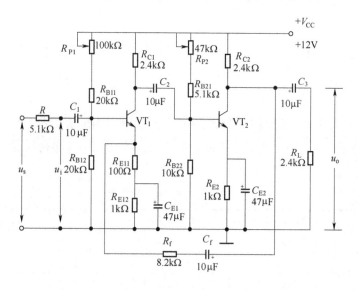

图 X4-1　电压串联负反馈阻容耦合放大器

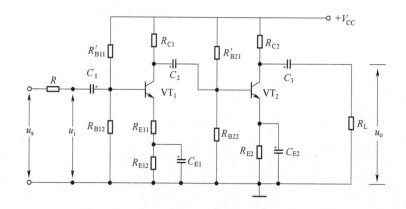

图 X4-2　基本放大器

四、实训内容及步骤

1. 按图 X4-1 所示正确安装各元器件

2. 测试基本放大器和负反馈放大器的相关性能指标

1) 测量静态工作点

按图 X4-1 连接电路,取 $V_{CC}=+12V$,$u_i=0$,用直流电压表分别测量第一级、第二级的静态工作点,将测量结果记入表 X4-2 中。

表 X4-2 静态工作点的测量数据

级别	测量值			计算值
	U_B/V	U_E/V	U_C/V	I_C/mA
第一级				
第二级				

2) 测试基本放大器的中频电压放大倍数 A_u

按图 X4-2 所示改接电路,图中 $R'_{B11}=R_{P1}+R_{B11}$,$R'_{B21}=R_{B21}+R_{P2}$。

(1) 以 $f=1kHz$,U_{ip-p} 约 10mV 正弦信号输入放大器,用示波器观察输出波形 u_o,在 u_o 不失真的情况下,用毫伏表(或示波器)测量有负载时的输出电压 U_{op-p},并记入表 X4-3 中。

(2) 保持 u_i 不变,断开负载电阻 R_L,测量空载时的输出电压 U_{op-p},将测量结果记入表 X4-3 中。

表 X4-3 基本放大器电压放大倍数的测量数据

R_L	测量值		计算值
	U_{ip-p}/mV	U_{op-p}/V	A_u
有载			
空载			

3) 测试负反馈放大器的中频电压放大倍数 A_{uf}

将电路恢复为图 X4-1 的负反馈放大电路。适当加大 U_{ip-p}(约 20mV),在输出波形不失真的条件下,利用上述测试基本放大器 A_u 的方法,测量负反馈放大器的 A_{uf},将测量结果记入表 X4-4 中。

表 X4-4 负反馈放大器电压放大倍数的测量数据

R_L	测量值		计算值
	U_{ip-p}/mV	U_{op-p}/V	A_{uf}
有载			
空载			

4）观察负反馈对非线性失真的改善

（1）电路改接成图 X4-2 所示的基本放大器形式,在输入端加入 $f=1\text{kHz}$ 的正弦信号,输出端接示波器,逐渐增大输入信号的幅度,使输出波形开始出现失真,观察此时的输入波形和输出电压波形与幅度。

（2）再将电路改接成图 X4-1 所示的负反馈放大器形式,在输入信号不变的情况下,观察此时的输入、输出波形与幅度,比较有负反馈时,输出波形与幅度的变化。

五、实训注意事项

（1）仪器的接地端应和放大器的接地端连接在一起。

（2）测量静态工作点时,应先输入信号,在输出信号 u_o 没有失真的条件下再测,测量时应关闭信号源。

六、实训报告要求

（1）根据实训内容与步骤完成全部实训任务。

（2）根据实训现象与实训结果,认真总结分析,写出实训报告。

七、实训思考题

将有反馈、无反馈的测量结果进行比较,说明负反馈对放大器性能的影响。

项目 5　集成运算放大器的测试

一、实训目的

（1）加深理解由集成运算放大器组成的比例、加法、减法等基本运算电路的功能。

（2）具备运算电路的组装（设计、布线、安装、调试）能力。

二、实训设备及元器件

双踪示波器 1 台、低频信号发生器 1 台、万用表 1 块、毫伏表 1 台、直流稳压电源 1 台、实训台 1 台（或面包板 3 块）、连接导线若干、元器件明细见表 X5－1。

表 X5－1　元器件明细表

序号	名称	型号或参数	数量
1	集成运放	μA741（F007）	5
2	电阻	100kΩ	5
3	电阻	10kΩ	8
4	电阻	9.1kΩ	2
5	电阻	4.7kΩ	1
6	电阻	510Ω	4
7	电位器	100kΩ	5
8	电位器	1kΩ	2

三、实训原理

集成运算放大器是一种具有高电压放大倍数的直接耦合多级放大电路。当外部接入不同的线性或非线性元器件组成输入和负反馈电路时，可以灵活地实现各种特定的函数关系。在线性应用方面，可组成比例、加法、减法、积分、微分、对数等模拟运算电路。

1. 反相比例运算电路

电路如图 X5－1 所示，对于理想运放，该电路的输出电压与输入电压之间的关系为：

$$u_o = -\frac{R_F}{R_1}u_i$$

为了减小输入级偏置电流引起的运算误差,在同相输入端应接入平衡电阻 R_2:

$$R_2 = R_1 // R_F$$

2. 反相加法运算电路

电路如图 X5-2 所示,输出电压与输入电压之间的关系为:

$$u_o = -\left(\frac{R_F}{R_1}u_{i1} + \frac{R_F}{R_2}u_{i2}\right)$$

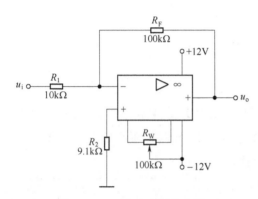

图 X5-1　反相比例运算电路　　　图 X5-2　反相加法运算电路

$$R_3 = R_1 // R_2 // R_F$$

3. 同相比例运算电路

图 X5-3(a)是同相比例运算电路,它的输出电压与输入电压之间的关系为:

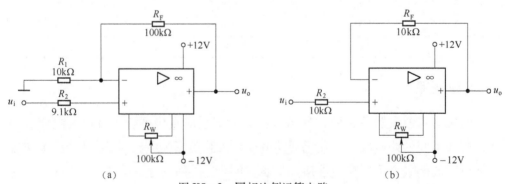

(a)　　　　　　　　　　　　(b)

图 X5-3　同相比例运算电路

(a)同相比例运算电路;(b)电压跟随器。

$$u_o = \left(1 + \frac{R_F}{R_1}\right)u_i$$

$$R_2 = R_1 // R_F$$

当 $R_1 \to \infty$ 时,$u_o = u_i$,即得到如图 X5-3(b)所示的电压跟随器。图中 $R_2 = R_F$,用以减小漂移和起保护作用。一般 R_F 取 $10\text{k}\Omega$,R_F 太小起不到保护作用,太大则影响跟随性。

4. 差动放大电路(减法器)

对于图 X5-4 所示的减法运算电路,当 $R_1 = R_2$,$R_3 = R_F$ 时,有如下关系式:

$$u_o = \frac{R_F}{R_1}(u_{i2} - u_{i1})$$

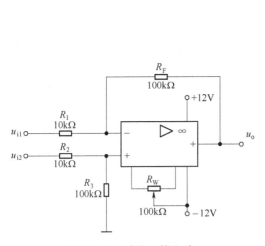

图 X5-4 减法运算电路

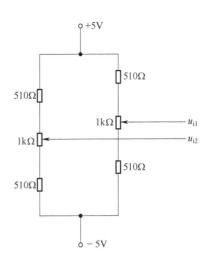

图 X5-5 简易可调直流信号源

四、实训内容及步骤

1. 反相比例运算电路

(1)按图 X5-1 所示连接电路,接通 ±12V 电源,将输入端对地短路,进行调零和消振。

(2)输入 $f = 100\text{Hz}$,$U_{ip-p} = 0.5\text{V}$ 的正弦交流信号,测量相应的 U_{op-p},并用示波器观察 u_o 和 u_i 的相位关系,将测量结果记入表 X5-2 中。

表 X5-2 反相比例运算电路的测量数据

U_{ip-p}/V	U_{op-p}/V	u_i 波形	u_o 波形	A_u	
				测量值	计算值

2. 同相比例运算电路

(1)按图 X5-3(a)所示连接电路。实训步骤同"反比例运算电路",将结果记入表 X5-3 中。

(2) 将图 X5-3(a) 中的 R_1 断开,得到图 X5-3(b) 所示电路,按上一步的方法测量,并将结果记入表 X5-3 中。

表 X5-3 同相比例运算电路的测量数据

R_1	$U_{ip\text{-}p}$/V	$U_{op\text{-}p}$/V	u_i 波形	u_o 波形	A_u	
					测量值	计算值
10kΩ						
∞						

3. 反相加法运算电路

(1) 按图 X5-2 所示连接电路,接通 ±12V 电源,将输入端对地短路,进行调零和消振。

(2) 输入信号采用直流信号,图 X5-5 所示电路为简易直流信号源,由学生自行完成。实训时要注意选择合适的直流信号幅度以确保集成运放工作在线性区。多次改变输入电压 U_{i1}、U_{i2},并用直流电压表分别测量每次的输入电压 U_{i1}、U_{i2} 及输出电压 U_o,将测量结果记入表 X5-4 中。

表 X5-4 反相加法运算电路的测量数据

U_{i1}/V				
U_{i2}/V				
U_o/V				

4. 减法运算电路

(1) 按图 X5-4 所示连接电路,接通 ±12V 电源,将输入端对地短路,进行调零和消振。

(2) 采用直流输入信号,实训步骤同"反相加法运算电路",将测量结果记入表 X5-5 中。

表 X5-5 减法运算电路的测量数据

U_{i1}/V				
U_{i2}/V				
U_o/V				

五、实训注意事项

(1) 实训前要看清运放组件各管脚的位置。

(2) 切忌正、负电源极性接反和输出端短路,否则将会损坏集成块。

六、实训报告要求

(1) 根据实训内容与步骤完成全部实训任务。

(2) 根据实训现象与实训结果,认真总结分析,写出实训报告。

七、实训思考题

(1) 将理论计算结果和实测数据相比较,分析误差产生的原因。

(2) 为了不损坏集成块,实训中应注意什么问题?

项目6 RC桥式正弦波振荡器的测试

一、实训目的

(1) 学习RC桥式正弦波振荡器的组成及其振荡条件。

(2) 学会测量、调试RC桥式正弦波振荡器和具备RC桥式正弦波振荡器的组装(设计、布线、制板、安装、焊接、调试)能力。

二、实训设备及元器件

双踪示波器1台、低频信号发生器1台、万用表1块、毫伏表1台、直流稳压电源1台、电烙铁1把、镊子1把、尖嘴钳1把、连接导线若干、焊锡丝若干、元器件明细见表X6-1。

表 X6-1 元器件明细表

序号	名称	型号或参数	数量
1	万能板	10cm×10cm	1
2	三极管	3DG6(9011)	2
3	电位器	10kΩ	1
4	电解电容器	10μF	3
5	电解电容器	47μF	1
6	电容器	0.01μF	2
7	电阻	1.2kΩ	1
8	电阻	10kΩ	1
9	电阻	1MΩ	1
10	电阻	100kΩ	1
11	电阻	15kΩ	3
12	电阻	5.1kΩ	1
13	电阻	100Ω	1
14	电阻	430Ω	1
15	电阻	1kΩ	1

三、实训原理

从结构上看,正弦波振荡器是没有输入信号的带选频网络的正反馈放大器。

若用 R、C 元件组成选频网络,就称为 RC 振荡器,一般用来产生 1Hz~1MHz 的低频信号。R、C 元件组成的选频网络形式主要有三种:RC 移相振荡器、RC 串并联网络(文氏桥)振荡器、双 T 选频网络振荡器。

由于 RC 串并联网络(文氏桥)振荡器具有能方便地连续改变振荡频率,便于加负反馈稳幅,容易得到良好的振荡波形的优点,因此本实训任务采用两级共发射极的放大电路所组成的 RC 桥式正弦波振荡器。

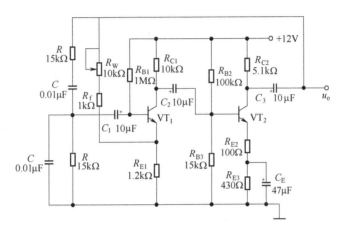

图 X6-1　RC 串并联选频网络振荡电路

四、实训内容及步骤

1) 按图 X6-1 所示正确安装各元器件

2) 检查各元器件装配无误后,接通 12V 电源,测试 RC 正弦波振荡器的相关性能指标

(1) 断开 RC 串并联网络,测量放大器静态工作点及电压放大倍数。

① 测量放大电路的静态工作点。按图 X6-1 连接实训电路,取 $V_{CC}=+12V$,$u_i=0$,用直流电压表分别测量第一级、第二级的静态工作点,将测量结果记入表 X6-2 中。

表 X6-2　静态工作点的测量数据

级 别	测量值			计算值
	U_B/V	U_E/V	U_C/V	I_C/mA
第一级				
第二级				

② 测量电压放大倍数 A_{uf}。以 $f=1kHz$,$U_{ip\text{-}p}$ 约 10mV 正弦信号输入放大器,用示波器监视输出波形 u_o,在 u_o 不失真的情况下,用毫伏表(或示波器)测量 $U_{ip\text{-}p}$ 和 $U_{op\text{-}p}$,并记入表 X6-3 中。

表 X6-3　电压放大倍数的测量数据

测　量　值		计算值
$U_{\text{ip-p}}/\text{mV}$	$U_{\text{op-p}}/\text{V}$	A_{uf}

（2）电路起振。接通 RC 串并联网络，并使电路起振，用示波器观测输出电压 u_o 波形，调节 R_W，获得满意的正弦信号，记录波形及其参数。

① 将 R_W 居中，观察输出波形的变化，并测量有关数据，将数据记入表 X6-4 中。

② 将 R_W 调小，观察输出波形的变化，并测量有关数据，将数据记入表 X6-4 中。

③ 将 R_W 调大，观察输出波形的变化，并测量有关数据，将数据记入表 X6-4 中。

表 X6-4　R_W 改变时输出电压的测量值与波形

R_W 变化	$U_{\text{op-p}}/\text{V}$	u_o 波形
R_W 居中		
R_W 调小		
R_W 调大		

（3）测量振荡频率，并与计算值进行比较，将数据记入表 X6-5 中。

表 X6-5　振荡频率的测量数据

振荡频率	测量值	计算值
f_0		

（4）改变 C 的值，观察振荡频率变化情况，将数据记入表 X6-6 中。

表 X6-6　C 改变时振荡频率的测量数据

C	0.01μF	0.033μF
f		

（5）RC 串并联网络幅频特性的观察

将 RC 串并联网络与放大器断开，用函数信号发生器的正弦信号输入 RC 串并联网络，保持输入信号的幅度不变（约 3V），频率由低到高变化，RC 串并联网络输出幅值将随之变化，当信号源达某一频率时，RC 串并联网络的输出将达最大值（约 1V）。且输入、输出同相位，此时信号源频率为

$$f = f_o = \frac{1}{2\pi RC}$$

五、实训注意事项

(1) 仪器的接地端应和放大器的接地端连接在一起。
(2) 测量工作点时,应关闭信号源。

六、实训报告要求

(1) 根据实训内容与步骤完成全部实训任务。
(2) 根据实训现象与实训结果,认真总结分析,写出实训报告。

七、实训思考题

由给定电路参数计算振荡频率,并与测量值比较,分析误差产生的原因。

项目 7 OTL 功率放大电路的测试

一、实训目的

(1) 掌握实用 OTL 功放电路识图方法。
(2) 理解 OTL 功放电路工作原理。
(3) 掌握 OTL 功放电路的调试及主要指标性能测试方法。

二、实训设备及元器件

双踪示波器 1 台、低频信号发生器 1 台、毫伏表 1 台、直流稳压电源 1 台、实训台 1 台(或面包板 3 块)、万用表 1 块、连接导线若干、元器件明细见表 X7-1。

表 X7-1 元器件明细表

序号	名称	型号或参数	数量
1	三极管	9014	1
2	三极管	8050	1
3	三极管	8550	1
4	二极管	1N4001	2
5	电解电容器	220μF/25V	1
6	电解电容器	1000μF/25V	1
7	电解电容器	1μF/25V	1
8	电解电容器	100μF/25V	1
9	电位器	100kΩ/精密多圈	1
10	电位器	100Ω/精密多圈	1
11	电阻	1Ω/0.5W	2
12	电阻	51Ω/0.25W	1
13	电阻	510Ω/0.25W	1
14	电阻	1kΩ/0.25W	1
15	电阻	20kΩ/0.25W	1
16	喇叭	0.5W/8Ω	1

三、实训原理

OTL 功率放大电路见图 X7-1,其中由 NPN 型晶体管 T_2 和 PNP 型 T_3 组成互

项目 7　OTL 功率放大电路的测试

补推挽 OTL 电路,每个管子都接成射极输出电路,所以具有输出电阻低和带负载能力强的优点,R_6 和 R_7 使输出级引入电流串联负反馈,可以稳定静态电流。

晶体管 T_1 组成推动级,对输入信号具有放大作用。T_1 工作于甲类状态,其集电极电流一部分流过 R_8 和 D_1、D_2,给 T_2 和 T_3 提供偏压,调节 R_8 可以使 T_2 和 T_3 达到合适的静态工作电流而工作于甲乙类状态,从而克服交越失真,一般将 T_2 和 T_3 的集电极电流调整为 5~10mA 较合适。静态时 D 点的电压约为 $1/2V_{CC}$,可以通过调节 R_1 来实现。

R_5、C_1 构成自举电路,当时间常数足够大时,电容 C_1 两端的电压基本不变,可以提高正半周电压的输出幅度,得到更大的动态范围。

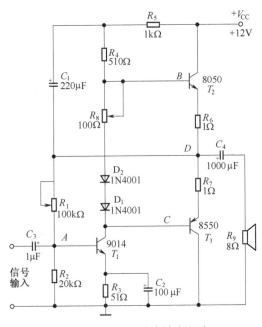

图 X7-1　OTL 功率放大电路

四、实训内容及步骤

1. 连接电路并调节静态工作点

按图 X7-1 连接电路,将直流电流表(万用表直流电流挡)串入 T_2 的集电极,先将电位器 R_8 置于最小值。接通电源后逐渐调节 R_8 使电流表的读数为 5~10mA 之间。测量 D 点的电压,其值应为 6V 左右,若偏差较大则适当调整 R_1 的值,值偏大则减小 R_1,偏小则增大 R_1 之值。

2. 静态工作点测试及分析

接通直流电源,用万用表直流电压挡测量三极管各极电压,并用直流电流档测量 T_1、T_2 和 T_3 的集电极电流,并将数据记录于表 X7-2 中,分析数据并判断各三极管的工作状态,电路工作正常各三极管应工作于放大状态。

表 X7-2 静态工作点的测量数据

三极管	U_B/V	U_C/V	U_E/V	I_C/mA	工作状态
T_1					
T_2					
T_3					

3. 最大不失真输出功率 P_{OM} 和效率 η 的测量

1) P_{OM} 的测量

输入频率为 1kHz 的正弦信号,并用示波器观察输出电压的波形,逐渐增大输入电压的幅度,使输出电压达到最大不失真输出。用交流毫伏表测出负载上电压 U_{OM},则 $P_{OM} = U_{OM}^2/R_L$。

2) η 的测量

当输出电压为最大不失真时,用万用表直流电流挡测出电源的输出电流 I_{CC},则电源输出功率 $P_E = V_{CC}I_{CC}$,那么效率 $\eta = P_{OM}/P_E$。

4. 频率响应的测试

将输入电压幅度降为最大不失真输出时相应输入电压的一半,保持信号幅度不变,不断改变信号的频率,并测量出输出电压和电压放大倍数。测量时高频段和低频段各找四个点,重点找出输出电压下降为最大电压的 0.707 倍的频点,计算出通频带。数据记录于表 X7-3 中。

表 X7-3 频率响应的测量数据

	f_L				f_M			f_H			
f/Hz											
U_{ip-p}/mV											
U_{op-p}/V											
A_u											

5. 交越失真的观察

在保持输入电压幅度的前提下,调节 R_8 使其值不断减小,用示波器观察输出电压波形的过零点将会出现交越失真。当出现明显的交越失真时,测量 T_2 和 T_3 的集电极直流电流,与表 X7-2 中的电流值比较有何不同,并记录失真的波形。

6. 测量电压波形参考

图 X7-2(a)中数字示波器显示界面中,当输入信号峰值为 15mV 时,输出电压峰值可达到 1V,图 X7-2(b)中,当输入为 35mV 时,输出电压已出现明显的顶部失真。

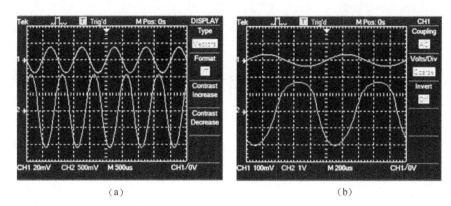

(a)　　　　　　　　　　　　(b)

图 X7-2　输入、输出电压波形

五、实训注意事项

OTL 功率放大电路也要设置合适的静态工作点,并且输入信号不能太大,以保证输出信号不失真。

六、实训报告要求

(1) 根据实训内容与步骤完成全部实训任务。

(2) 根据实训现象与实训结果,认真总结分析,写出实训报告。

(3) 将电压波形和数据表格详细记录于报告中,并做出必要的说明。

七、实训思考题

若以集成运算放大器作为推动级,则电路又该如何构成?

项目 8　串联型晶体管稳压电源的测试

一、实训目的

(1) 了解串联型晶体管稳压电源的组成结构。
(2) 掌握串联型晶体管稳压电源的工作原理。
(3) 掌握直流稳压电源的指标测试方法。

二、实训设备及元器件

双踪示波器 1 台、低频信号发生器 1 台、毫伏表 1 台、直流稳压电源 1 台、实训台 1 台（或面包板 3 块）、万用表 1 块、连接导线若干、元器件明细见表 X8-1。

表 X8-1　元器件明细表

序号	名　　称	型号或参数	数量
1	三极管	9013	1
2	三极管	8050	1
3	二极管	1N4001	4
4	LED	φ5mm（红色）	1
5	变压器	>5W,15V	1
6	电解电容器	10μF/25V	1
7	电解电容器	1000μF/50V	1
8	电位器	1kΩ/精密多圈	1
9	电阻	10kΩ/0.25W	1
10	电阻	1kΩ/0.25W	1
11	电阻	100Ω/0.25W	2
12	电阻	200Ω/0.25W	1

三、实训原理

串联型晶体管稳压电源电路如图 X8-1 所示，本实训电路中由小功率变压器、桥式全波整流电路、电容滤波电路和晶体管串联稳压电路组成，其中稳压电路由基准电压、输出采样电路、比较放大环节和调整管构成，电路各部分已经在电路中标注。

项目 8　串联型晶体管稳压电源的测试

变压器将 220V 的交流电降低为 15V 的低压交流电,四个 1N4001 整流二极管构成了桥式全波整流电路,C_1 为滤波电容,可减小脉动直流电中的波动幅度,经晶体管串联稳压电路稳压后输出电压的波动进一步缩小,使输出电压趋于稳定。

当电网电压波动或者负载变化时引起输出电压 U_0 变化,那么取样电路将输出电压的一部分馈入比较放大器与基准电压进行比较,误差电压经放大后去控制调整管的基极电流,自动改变调整管集-射之间的电压,补充 U_0 的变化,使 U_0 趋于稳定。稳压电路工作原理实质上是通过引入电压负反馈来实现稳压的。

本实训中利用 LED 的正向导通电压作为基准电压,其值 U_R 约为 1.8V,因 LED 不同其值会有所不同。设取样电路中总电阻值为 R,其中电位器滑头以下(包括 R_4)的电阻值为 R_x,则输出电压为 $U_0 = (U_R + U_{BE})R/R_x$,其中 9013 的 U_{BE} 约为 0.6V。

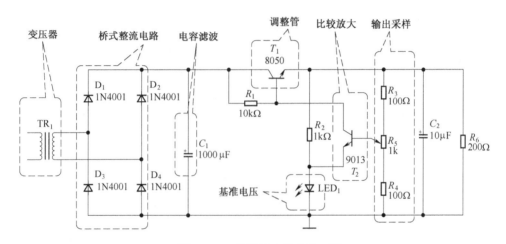

图 X8-1　晶体管串联稳压电源

四、实训内容及步骤

1. 连接电路及电路功能粗测

(1) 按图 X8-1 连接电路,并调整 R_5 的滑头至最上端,接通交流电源,若电路工作,LED 应发光。用万用表交流挡测量变压器二次侧电压有效值,用直流电压挡测量整流滤波输出电压(C_1 两端电压)及稳压输出电压。

(2) 调节电位器记录输出电压的范围,记录输出电压最小值和最大值,并与理论值对比,说明二者之间存在差距的原因。

表 X8-2　输出电压的测量数据

输出电压	最小值	最大值	理论值

（3）更换 R_3 和 R_4 均为 330Ω，调节电位器，再次测量输出电压的范围，与理论值对比。

表 X8-3　采样电阻改变时输出电压的测量数据

输出电压	最小值	最大值	理论值

（4）用示波器"AC"挡观察稳压前和稳压后交流成分的波形，记录波形图并比较二者幅度的大小，说明稳压电路的工作情况。

表 X8-4　稳压前后交流成分的波形图

波形图	稳压前	稳压后

2. 稳压电路工作静态工作点测量

调试电位器使输出为 5V 时，用万用表测量 LED 两端的基准电压、比较放大管 9013 和调整管各管三个电极电压，通过数据分析各晶体管的工作状态。

表 X8-5　稳压电路静态工作点的测量数据

基准电压	比较管				调整管			
	U_B/V	U_C/V	U_E/V	工作状态	U_B/V	U_C/V	U_E/V	工作状态

调节电位器滑头改变输出电压，观察调节前后 9013 基极电压变化情况，理论上此电压变化较小，大约为固定值。

3. 动态测量

1）稳压系数 S 测量

根据稳压系数的公式

$$S = \frac{\Delta U_o/U_o}{\Delta U_i/U_i} \bigg|_{R_L = 常数}$$

断开整流滤波电路，保持负载不变，用直流稳压电源直接输入一个 10V 的直流电压，调节电位器使输出电压为 5V，增加输入电压为 15V，测出输出电压之值。将输入电压和输出电压的变化量代入公式中可计算出稳压系数。

2）电源内阻测量

断开负载测出开路电压，记为 U_{OC}，接通负载测出负载上电压为 U_L，利用如下公式可求出电源的内阻。

$$R_o = \frac{U_{OC} - U_L}{U_L} R_L$$

3) 纹波电压测量

调节电位器使输出电压为5V,将交流毫伏表接在负载两端,测量输出电压的纹波电压有效值即为纹波电压。或者用示波器的"AC"挡观察输出电压中交流电的波形,并记录其峰值。

4. 测量参考值及纹波电压波形

输出为5V时各点电压值如图X8-2所示,从示波器窗口可以看出稳压前的纹波电压峰值达0.3V,稳压后纹波电压峰值为3mV,稳压电路对输入电压的波动有很强的抑制作用。

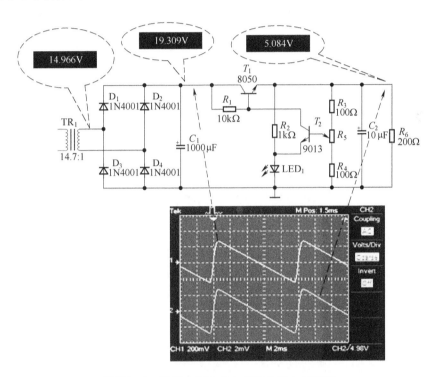

图X8-2 稳压电源各点电压及纹波电压波形

五、实训注意事项

桥式整流电路中的四个二极管不能接反,否则电路可能出现短路,变压器有可能被烧毁。

六、实训报告要求

(1) 根据实训内容与步骤完成全部实训任务。

(2) 根据实训现象与实训结果,认真总结分析,写出实训报告。

(3) 将电压波形和数据表格详细记录于报告中,并做出必要的说明。

七、实训思考题

（1）用集成运算放大器作为比较放大器，电路如何组成？

（2）欲使此电源具有过载及短路保护，电路应如何改进？

项目 9 触摸式报警器的设计与制作

一、实训目的

(1) 了解触摸式报器的工作原理。
(2) 熟悉放大电路设计的基本方法。
(3) 具备触摸式报警器的组装(设计、布线、制板、安装、焊接、调试)能力。

二、实训设备及元器件

直流稳压电源 1 台、万用表 1 块、电烙铁 1 把、镊子 1 把、尖嘴钳 1 把、连接导线若干、焊锡丝若干、元器件明细见表 X9-1。

表 X9-1 元器件明细表

序号	名称	型号或参数	数量
1	万能板	10cm×10cm	1
2	三极管	9014	2
3	三极管	9015	2
4	电阻	1kΩ	2
5	电阻	82kΩ	1
6	电阻	47kΩ	1
7	电容	39nF	1
8	电容	47μF	1
9	按钮开关	小型按钮	1
10	金属片	小型金属片	
11	扬声器	0.3W/8Ω	1

三、实训原理

如图 X9-1 所示为触摸式报警器电路图,三极管 VT_1 和 VT_2 等元器件组成模拟开关电路,平时两管处于截止状态,当有人触及金属片 A 时,两管就迅速导通。三极管 VT_3 和 VT_4 等元器件组成互补音频振荡器,在 VT_1 和 VT_2 管截止时,振荡器停振,三极管 VT_1 及 VT_2 一旦导通,振荡器立即起振,扬声器马上发出持续不断的报警声。按钮开关 J_1 为报警解除开关,当 J_1 被按下后,三极管 VT_1 和 VT_2 截止,振荡器也就停止振荡。

本制作可用于防盗,可安装在寝室门、窗、个人计算机等物品上,使用方便。

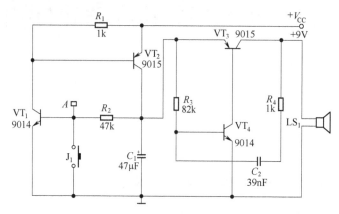

图 X9-1　触摸式报警器电路图

四、实训内容及步骤

(1) 首先要识读原理图,了解线路的工作原理。明确所用元器件种类、规格、数量;明确电路板的零件分布以及电路和零件的装配位置。

(2) 准备元器件。按元器件清单表的要求准备各类元器件。

(3) 检测元器件。按正确的方法检测各类元器件,如有不合格元器件,设法调换。

(4) 元器件成形与引脚处理。在装配前首先要对各元器件引脚进行成形处理,再将各元器件引脚准备焊接处进行刮削去污、去氧化层,然后在各引脚准备焊接处上锡。

(5) 元器件插装与固定。将经过成形、处理过的元器件进行插装,插装时注意合理安排线路板的布局。特别要注意有极性元器件的引脚需要进行标记,方向不能反,如三极管、电解电容等。

(6) 元器件的焊接与整理。细心处理好每一个焊点,保证焊接质量,焊好后剪掉多余的引线。

(7) 检查验证电路。将元器件焊接完后再仔细检查,确认无误后接通电源,用手触及金属片 A,若扬声器马上发出持续不断的报警声,并在按钮开关 J_1 被按下后,报警声消失,则触摸式报警器正常。否则触摸式报警器不正常,需重新检查。

五、实训注意事项

组装焊接时,注意两种三极管不要弄错。

六、实训报告要求

（1）根据实训内容与步骤完成全部实训任务。

（2）根据实训现象与实训结果，认真总结分析，写出实训报告。

七、实训思考题

（1）本实训电路主要包含由三极管组成的模拟开关电路和互补音频振荡电路，请同学们查阅相关资料详细分析各部分电路的工作原理。

（2）组装焊接关键有哪几步？

项目 10 助听器的设计与制作

一、实训目的

（1）理解助听器电路的构成及工作原理。
（2）具备助听器电路的组装(设计、布线、制板、安装、焊接、调试)能力。

二、实训设备及元器件

高灵敏度驻极体话筒 1 个、耳塞式耳机 1 个、万用表 1 块、直流稳压电源 1 台（或干电池 2 节）、电烙铁 1 把、镊子 1 把、尖嘴钳 1 把、连接导线若干、焊锡丝若干、元器件明细见表 X10-1。

表 X10-1 元器件明细表

序号	名称	型号或参数	数量
1	万能板	10cm×10cm	1
2	三极管	9014	2
3	三极管	9012	1
4	电阻	100Ω	1
5	电阻	680Ω	1
6	电阻	1.5kΩ	2
7	电阻	5.1kΩ	1
8	电阻	100kΩ	1
9	电阻	180kΩ	1
10	可调电阻	10kΩ	1
11	瓷片电容	104	1
12	电解电容	4.7μF	2
13	插座	φ2.5	1

三、实训原理

本电路由话筒、前置低放、功率放大电路和耳机等部分组成，原理电路如图 X10-1 所示。

驻极体话筒 BM 为换能器，它可以将声波信号转换为相应的电信号，并通过耦

合电容 C_1 送至前置低放进行放大，R_1 是驻极体话筒 BM 的偏置电阻，即给话筒正常工作提供偏置电压。

VT_1、R_2、R_3 等元器件组成前置低频放大电路，将经 C_1 耦合来的音频信号进行前置放大，放大后的音频信号经 R_4、C_2 加到电位器 R_P 上，电位器 R_P 用来调节音量用。VT_2、VT_3 组成功率放大电路，将音频信号进行功率放大，并通过耳机插孔推动耳机工作。

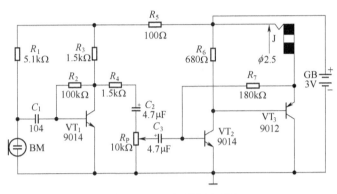

图 X10-1　助听器原理图

四、实训内容及步骤

（1）首先要识读原理图，了解线路的工作原理。明确所用元器件种类、规格、数量；明确电路板的零件分布以及电路和零件的装配位置。

（2）准备元器件。按元器件清单表的要求准备各类元器件。

（3）检测元器件。按正确的方法检测各类元器件，如有不合格元器件，设法调换。

（4）元器件成形与引脚处理。在装配前首先要对各元器件引脚进行成形处理，再将各元器件引脚准备焊接处进行刮削去污、去氧化层，然后在各引脚准备焊接处上锡。

（5）元器件插装与固定。将经过成形、处理过的元器件进行插装，插装时注意合理安排线路板的布局。特别要注意有极性元器件的引脚需要进行标记，方向不能反，如三极管、驻极体话筒和电解电容等。

（6）元器件的焊接与整理。细心处理好每一个焊点，保证焊接质量，焊好后剪掉多余的引线。

（7）检查验证电路。将元器件焊接完后再仔细检查，确认无误后接通电源，当有人在驻极体话筒附近讲话时，通过耳机能听到放大的声音，说明助听器正常。否则助听器不正常，需重新检查。

五、实训注意事项

使用时,一般将助听器置于使用者的上衣口袋内,注意话筒 BM 的收音孔应向外。

六、实训报告要求

(1) 根据实训内容与步骤完成全部实训任务。

(2) 根据实训现象与实训结果,认真总结分析,写出实训报告。

七、实训思考题

(1) 本实训主要电路包含低频放大器和功率放大器两部分内容,请同学们详细分析各部分电路的工作原理。

(2) 请同学们积极查阅有关驻极体话筒和耳塞式耳机的内部结构和工作原理。

附录1 部分电气图形符号

附表1-1 电阻器、电容器、电感器和变压器

图形符号	名称与说明	图形符号	名称与说明
	电阻器一般符号		电感器、线圈、绕组或扼流图 注:符号中半圆数不得少于3个
	可变电阻器或可调电阻器		带磁芯、铁芯的电感器
	滑动触点电位器		带磁芯连续可调的电感器
	极性电容		双绕组变压器 注:可增加绕组数目
	可变电容器或可调电容器		绕组间有屏蔽的双绕组变压器 注:可增加绕组数目
	双联同调可变电容器 注:可增加同调联数		在一个绕组上有抽头的变压器
	微调电容器		

附表1-2 半导体管

图形符号	名称与说明	图形符号	名称与说明
	二极管的符号	(1) (2) 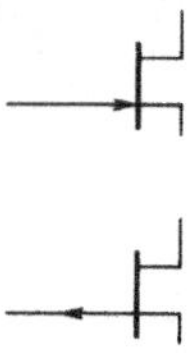	JFET 结型场效应管 (1) N 沟道 (2) P 沟道
	发光二极管		
	光电二极管	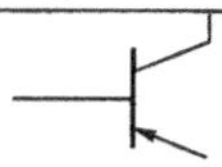	PNP 型晶体三极管
	稳压二极管	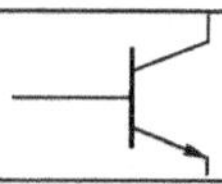	NPN 型晶体三极管
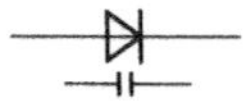	变容二极管	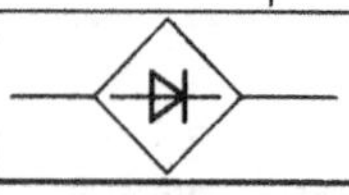	全波桥式整流器

附表1-3 其他电气图形符号

图形符号	名称与说明	图形符号	名称与说明
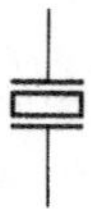	具有两个电极的压电晶体 注:电极数目可增加	 或 	接机壳或底板
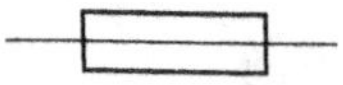	熔断器		导线的连接
	指示灯及信号灯		导线的不连接
	扬声器		动合(常开)触点开关
	蜂鸣器		动断(常闭)触点开关
	接大地	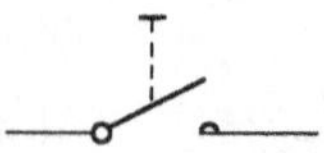	手动开关

附录2　常用电子元器件型号命名法

附表2-1　电阻器型号命名方法

第一部分:主称		第二部分:材料		第三部分:特征分类			第四部分:序号
符号	意义	符号	意义	符号	意义		
					电阻器	电位器	
R	电阻器	T	碳膜	1	普通	普通	对主称、材料相同,仅性能指标、尺寸大小有差别,但基本不影响互换使用的产品,给予同一序号;若性能指标、尺寸大小明显影响互换时,则在序号后面用大写字母作为区别代号
W	电位器	H	合成膜	2	普通	普通	
		S	有机实芯	3	超高频	—	
		B	无机实芯	4	高阻	—	
		J	金属膜	5	高温	—	
		Y	氧化膜	6	—	—	
		C	沉积膜	7	精密	精密	
		I	玻璃釉膜	8	高压	特殊函数	
		P	硼碳膜	9	特殊	特殊	
		U	硅碳膜	G	高功率	—	
		X	线绕	T	可调	—	
		M	压敏	W	—	微调	
		C	光敏	D	—	多圈	
		R	热敏	B	温度补偿用	—	
				C	温度测量用	—	
				P	旁热式	—	
				W	稳压式	—	
				Z	正温度系数	—	

251

附表2-2 电容器型号命名法

第一部分:主称		第二部分:材料		第三部分:特征、分类					第四部分:序号
符号	意义	符号	意义	符号	意义				
					瓷介	云母	玻璃	电解	其它	
C	电容器	C	瓷介	1	圆片	非密封	—	箔式	非密封	对主称、材料相同,仅尺寸、性能指标略有不同,但基本不一影响互换使用的产品,给予同一序号;若尺寸性能指标的差别明显,影响互换使用时,则在序号后面用大写字母作为区别代号
		Y	云母	2	管形	非密封	—	箔式	非密封	
		I	玻璃釉	3	迭片	密封	—	烧结粉固体	密封	
		O	玻璃膜	4	独石	密封		烧结粉固体	密封	
		Z	纸介	5	穿心	—	—	—	穿心	
		J	金属化纸	6	支柱					
		B	聚苯乙烯	7	—			无极性		
		L	涤纶	8	高压	高压			高压	
		Q	漆膜	9	—			特殊	特殊	
		S	聚碳酸脂	J	金属膜					
		H	复合介质	W	微调					
		D	铝							
		A	钽							
		G	铌							
		G	合金							
		T	钛							
		E	其他							

附表2-3 国产半导体分立器件型号命名法

第一部分		第二部分		第三部分				第四部分	第五部分
用阿拉伯数字表示器件的电极数目		用汉语拼音字母表示器件的材料和极性		用汉语拼音字母表示器件的类别				用阿拉伯数字表示序号	用汉语拼音字母表示规格号
符号	意义	符号	意义	符号	意义	符号	意义		
2	二极管	A	N型,锗材料	P	小信号管	G	高频小功率晶体管 ($f_a \geq 3MHz, P_C < 1W$)		
		B	P型,锗材料	V	混频检波管	D	低频大功率晶体管 ($f_a < 3MHz, P_C \geq 1W$)		
		C	N型,硅材料	W	电压调整管和电压基准管	A	高频大功率晶体管 ($f_a \geq 3MHz, P_C \geq 1W$)		
3	三极管	D	P型,硅材料	C	变容管	T	闸流管		
		A	PNP,锗材料	Z	整流管	Y	体效应管		
		B	NPN,锗材料	L	整流堆	B	雪崩管		
		C	PNP,硅材料	S	隧道管	J	阶跃恢复管		
		D	NPN,硅材料	K	开关管				
		E	化合物材料	X	低频小功率晶体管 ($f_a < 3MHz, P_C < 1W$)				

附表 2-4 国际电子联合会半导体器件型号命名法

第一部分		第二部分				第三部分		第四部分	
用字母表示使用的材料		用字母表示类型及主要特性				用数字或字母加数字表示登记号		用字母对同一型号者分档	
符号	意义	符号	意义	符号	意义	符号	意义	符号	意义
A	锗材料	A	检波、开关和混频二极管	M	封闭磁路中的霍尔元件	三位数字	通用半导体器件的登记序号（同一类型器件使用同一登记号）	A B C D E F ⋮	同一型号器件按某一参数进行分档的标志
		B	变容二极管	P	光敏元件				
B	硅材料	C	低频小功率三极管	Q	发光器件				
		D	低频大功率三极管	R	小功率可控硅				
C	砷化镓	E	隧道二极管	S	小功率开关管				
		F	高频小功率三极管	T	大功率可控硅	一个字母加两位数字	专用半导体器件的登记序号（同一类型器件使用同一登记号）		
D	锑化铟	C	复合器件及其它器件	U	大功率开关管				
		H	磁敏二极管	X	倍增二极管				
R	复合材料	K	开放磁路中的霍尔元件	Y	整流二极管				
		L	高频大功率三极管	Z	稳压二极管即齐纳二极管				

附表 2-5　日本半导体器件型号命名法

第一部分		第二部分		第三部分		第四部分		第五部分	
用数字表示类型或有效电极数		S 表示日本电子工业协会（EIAJ）的注册产品		用字母表示器件的极性及类型		用数字表示在日本电子工业协会登记的顺序号		用字母表示对原来型号的改进产品	
符号	意义	符号	意义	符号	意义	符号	意义	符号	意义
0	光电（即光敏）二极管、晶体管及其组合管	S	表示已在日本电子工业协会（EIAJ）注册登记的半导体分立器件	A	PNP 型高频管	四位以上的数字	从 11 开始，表示在日本电子工业协会注册登记的顺序号，不同公司性能相同的器件可以使用同一顺序号，其数字越大越是近期产品	A B C D E F …	用字母表示对原来型号的改进产品
				B	PNP 型低频管				
1	二极管			C	NPN 型高频管				
				D	NPN 型低频管				
2	三极管、具有两个以上 PN 结的其他晶体管			F	P 控制极可控硅				
				G	N 控制极可控硅				
3 ⋮	具有 4 个有效电极或具有 3 个 PN 结的晶体管			H	N 基极单结晶体管				
				J	P 沟道场效应管				
				K	N 沟道场效应管				
n−1	具有 n 个有效电极或具有 n−1 个 PN 结的晶体管			M	双向可控硅				

部分习题参考答案

第一篇

第 1 章

一、填空题

1. 自由电子,空穴,自由电子,空穴,空穴,自由电子
2. 掺杂浓度,温度
3. P,N,正向偏置
4. 0.1V,0.5V,0.7V,0.3V
5. 电击穿,热击穿
6. 单向导电性,正偏,导通,反偏,截止
7. 硅管,锗管,锗,硅
8. 死区

二、选择题

1. C 2. B 3. B,A 4. C 5. B,B

三、分析与简答题(略)

四、作图与计算题

1. 略
2. 串联得到 4 种稳定电压,分别是 10.5V、6.7V、1.4V、5.2V;并联得到 2 种稳定电压,分别是 0.7V、4.5V
3. 略
4. 略
5. $U_o = 0V$
6. (1) 理想电压模型:$I_D = 2mA$,$U_o = -8V$
   (2) 恒压降模型:$I_D = 1.65mA$,$U_o = -8.7V$

第 2 章

一、填空题

1. 截止,过低
2. 反相,同相,同相
3. 放大,饱和,截止,放大
4. 多子

二、选择题

   1. C 2. A 3. B 4. C 5. A 6. A

三、分析与计算题

   1. (a) NPN 型,(b) PNP 型

   2. (a) 硅管,(b) 锗管,(c) 锗管

   3. (1) $I_{BQ}=40\mu A$, $I_{CQ}=2mA$, $U_{CEQ}=6V$,(2) 略,(3) 略

   4. 除(d)以外都不能对输入电压进行放大

   5. 略

   6. (1) $I_{BQ}=12\mu A$, $I_{CQ}=0.6mA$, $U_{CEQ}=6V$

      (2) $A_u\approx 0.98$, $r_i=97k\Omega$, $r_o=0.05k\Omega$

   7. (1) $U_{BQ}=5.58V$, $I_{CQ}=3.72mA$, $I_{BQ}=37.2\mu A$, $U_{CEQ}=6.14V$

      (2) $A_u=-213$, $r_i=0.88k\Omega$, $r_o=3.3k\Omega$, $A_{us}=-135.8$

第 3 章

一、填空题

   1. 只有一种载流子参与导电,两种载流子参与导电

   2. 电流,较小,电压,很高

   3. U_{GS},沟道电阻,i_D,$u_{GS}=0$,导电沟道,耗尽,增强

   4. 输入电阻高、噪声小、热稳定性好、便于集成等,有的为正、有的为负,有的为正、有的为负,为正,为负

   5. $i_D=I_{DO}(u_{GS}/U_T-1)^2$ ($u_{GS}>U_T$),u_{GS},i_D

二、选择题

   1. C 2. B,B 3. D,D

三、简答题(略)

四、分析与计算题

   1. (a) N 沟道耗尽型,$U_P=-3V$,(b) P 沟道耗尽型,$U_P=2V$,(c) P 沟道增强型,$U_T=-4V$

   2. $I_D=0.536mA$, $U_{GS}=-0.536V$, $U_{DS}=16.76V$, $g_m=0.735ms$, $A_u=-1.83$, $r_i=2M\Omega$, $r_o=5k\Omega$

   3. (1) 略,(2) $A_u=-5$,(3) $r_i=10M\Omega$, $r_o=10k\Omega$

   4. $A_u=0.93$, $r_i=10M\Omega$, $r_o=0.19k\Omega$

第 4 章

一、填空题

   1. 直接耦合、阻容耦合、变压器耦合

2. 直接耦合,能放大直流和缓慢变化的信号、便于集成,各级静态工作点相互牵制、产生零点漂移

3. 各级静态工作点相互独立、互不影响,不能放大直流和缓慢变化的信号、不便于集成

4. 短路

5. 输入级电路的输入电阻,输出级电路的输出电阻

6. 各级放大倍数的乘积,和

7. 窄,变窄

8. 常数,缩小

9. 射极输出器

10. 80db,60dB

二、简答题(略)

三、分析与设计题(略)

四、计算题

1. $A_u=-50$、$r_i=57.7\text{k}\Omega$、$r_o=12\text{k}\Omega$

2. 120dB,10^6

第 5 章

一、填空题

1. 开环放大电路,闭环放大电路

2. 直流负反馈,交流负反馈

3. 电压并联负反馈,电压串联负反馈,电流并联负反馈,电流串联负反馈

4. 电压负,电流负,串流负,并流负

5. 提高,减小,扩展

6. 电流串联负反馈

7. 为开环通频带的四倍

8. 零,近似相等

9. 反馈系数 F

二、分析与判断题

1. (a) 正反馈,交直流反馈

(b) 负反馈,交直流反馈

(c) 负反馈,交直流反馈

(d) R_e:负反馈,直流反馈,R_f:负反馈,交直流反馈

(e) 正反馈,交直流反馈

(f) 负反馈,交直流反馈

2. (a) 电压并联反馈

   (b) 电压串联反馈

   (c) 电压并联反馈

   (d) R_e:电流串联反馈,R_f:电压并联反馈

   (e) 电流并联反馈

   (f) 电流串联反馈

三、作图与计算题

1. 略

2. $A_{uf} = 101, u_o = 10.1V$

3. 略

4. $1+A_F = 2, F = 0.0125$

5. (1) $A_f = 10$, (2) $u_{id} = 0, u_f = 0.1V, u_o = 1V$

第6章

一、填空题

1. 四,输出,输入

2. 用来抑制零点漂移,电流源的交流等效电阻很大而直流压降不大,补偿 R_e 的压降、保障三极管有合适的静态工作点

3. 电路结构的对称性来实现的

4. 高,多级直接耦合,二,线性应用,非线性应用

5. 输入级,中间级,输出级,偏置电路

6. 直接,零点漂移,有源器件

7. 12,14,−122.8

二、选择题

1. C 2. C 3. B 4. A 5. B 6. A 7. B 8. C 9. C 10. A 11. A,C 12. C 13. C 14. C,B 15. A 16. A 17. C 18. B,D 19. B,D,E,C,B 20. B,C,B,C 21. A,B

三、简答题(略)

四、分析与计算题

1. $u_o = 0$

2. $A_{uf} = -10, R_2 = 9.09k\Omega$

   $u_o = -100mV$

3. $u_o = (1+R_f/R_1)R_3u_{i2}/(R_2+R_3) + (1+R_f/R_1)R_2u_{i3}/(R_2+R_3) - R_fu_{i1}/R_1$

4. (1) $I_{BQ} = 13.9\mu A$, $I_{CQ} = 0.69mA$, $U_{CEQ} = 12.8V$ (2) $A_{ud} = -10.2$ (3) $A_{ud} = -6.83$, $A_{uc} = -0.16$

(4) $K_{CMR} = 42.69$

第7章

一、填空题

1. 正弦波振荡电路,非正弦波发生电路

2. 负反馈,正反馈

3. $\dot{A}\dot{F} > 1$, $\dot{A}\dot{F} = 1$

4. RC 串并联网络,LC 并联谐振回路,石英晶体谐振器,石英晶体振荡器

5. 电压比较器

二、选择题

1.(1)B,A,C (2)B,C,A (3)B

2. B 3. C 4. A

三、简答题(略)

四、作图与计算题

1. $R_F > 20k\Omega$,负温度系数,1.94kHz

2. 略

3. 并联型石英晶体振荡器,晶体在电路中起一个电感作用

4. 电容三点式正弦波振荡器,1.9MHz

5. 略

6. 同名端标注(略),877kHz

7. (1)运放的输入端错误,同相与反相输入端应互换,(2)R 的位置错误,应与 C 的位置互换,(3)C 的位置错误,应与 R 的位置互换

第8章

一、填空题

1. 输出

2. 电源电压,散热条件

3. 78.5%

4. 交越失真

5. 达林顿管

二、选择题

1. C 2. B 3. A 4. B 5. B

三、分析与简答题(略)

四、作图与计算题

1. (1) OCL: $P_{om}=9W, P_{Vm}=11.5W$, OTL: $P_{om}=2.25W, P_{Vm}=2.87W$

    (2) OCL: $P_{cm} \geq 1.8W, U_{(BR)CEO} \geq 24V, I_{CM} \geq 1.5A$
    OTL: $P_{cm} \geq 0.45W, U_{(BR)CEO} \geq 12V, I_{CM} \geq 0.75A$

2. (1) -50, (2) $1.56W$, (3) $0.31W$

3. 略

4. (1) 克服交越失真, (2) $0V$, (3) $24W$

5. (1) 克服交越失真, (2) $P_{om}=16W, \eta=69.8\%$, (3) $10k\Omega$

6. (1) $12V, R_3$

    (2) $P_{om}=5.06W, \eta=58.9\%$

    (3) $P_{cm} \geq 1.01W, U_{(BR)CEO} \geq 24V, I_{CM} \geq 1.5A$

第9章

一、判断题(略)

二、选择题

　1. A　2. C　3. B, C

三、分析说明题(略)

参 考 文 献

[1] 池雪莲.模拟电子技术[M].武汉:湖北科学技术出版社,2008.
[2] 江晓安.模拟电子技术[M].西安:西安电子科技大学出版社,2001.
[3] 王朱劳.模拟电子技术及应用[M].西安:西安电子科技大学出版社,2007.
[4] 华成英.模拟电子技术基本教程[M].北京:清华大学出版社,2006.
[5] 童诗白.模拟电子技术基础[M].北京:高等教育出版社,2001.
[6] 杨碧石.模拟电子技术基础[M].北京:人民邮电出版社,2008.
[7] 方舒燕.模拟电子技术[M].北京:中国电力出版社,2007.
[8] 章彬宏.模拟电子技术[M].北京:北京理工大学出版社,2008.
[9] 王佩珠.电路与模拟电子技术[M].南京:南京大学出版社,1995.
[10] 陈小虎.电工电子技术[M].北京:高等教育出版社,2000.
[11] 李源生.电工电子技术[M].北京:清华大学出版社,2004.
[12] 顾永杰.电工电子技术基础[M].北京:高等教育出版社,2004.
[13] 苏士美.模拟电子技术[M].北京:人民邮电出版社,2005.
[14] 魏汉勇.模拟电子技术基础[M].武汉:华中科技大学出版社,2004.